CAD 系列软件基础教程

AutoCAD 2010 基础教程

孔繁臣　黄　娟　主编

北　京

冶金工业出版社

2021

内 容 简 介

　　本书介绍了 AutoCAD 2010 这一最新版本的基础知识，系统地讲解了其操作与使用，既包括二维建模，也包括三维建模基础。在讲解二维建模和三维建模的过程中，引用了大量实例。本书在相应章节特别增加了对 2010 版本的新增特点的重点说明。

　　本书结构合理、易于掌握、使用方便，可作为大中专、职业教育院校相关专业教材，也可供 AutoCAD 入门的读者学习使用。

图书在版编目（CIP）数据

AutoCAD 2010 基础教程 / 孔繁臣，黄娟主编. 一北京：
冶金工业出版社，2009.10（2021.7 重印）
（CAD 系列软件基础教程）
ISBN 978-7-5024-5001-4

Ⅰ．A… Ⅱ．①孔… ②黄… Ⅲ．计算机辅助设计一应用
软件，AutoCAD 2010一教材　Ⅳ．TP391.72

中国版本图书馆 CIP 数据核字（2009）第 154643 号

出　版　人　苏长永
地　　　址　北京市东城区嵩祝院北巷 39 号　邮编　100009　电话　(010)64027926
网　　　址　www.cnmip.com.cn　电子信箱　yjcbs@cnmip.com.cn
责任编辑　李培禄　美术编辑　彭子赫　版式设计　张　青
责任校对　石　静　责任印制　李玉山
ISBN 978-7-5024-5001-4
冶金工业出版社出版发行；各地新华书店经销；三河市双峰印刷装订有限公司印刷
2009 年 10 月第 1 版，2021 年 7 月第 10 次印刷
787mm×1092mm　1/16；12.5 印张；297 千字；187 页
27.00 元
冶金工业出版社　投稿电话　(010)64027932　投稿信箱　tougao@cnmip.com.cn
冶金工业出版社营销中心　电话　(010)64044283　传真　(010)64027893
冶金工业出版社天猫旗舰店　yjgycbs.tmall.com
（本书如有印装质量问题，本社营销中心负责退换）

前　　言

现代产品设计要求技术人员必须熟练掌握计算机辅助设计软件来表达设计内容，最基本的要求是会使用软件辅助设计产品的零部件，以适应现代设计的需求。

目前，在机械设计行业，计算机辅助设计软件有很多种，《CAD 系列软件基础教程》选择有代表性的辅助设计软件分别介绍其在设计中的应用。

这套 CAD 系列软件基础教程选用的是 AutoCAD、Solidworks、Pro/Engineer、UG NX 四个软件。

AutoCAD（Auto Computer Aided Design）是由美国 Autodesk 公司开发的通用计算机辅助绘图和设计软件，具有强大的图形绘制功能和图形编辑功能，广泛应用于建筑、机械、造船、纺织、轻工、冶金、土木工程等领域，是初次接触 CAD 领域的入门软件。AutoCAD 具有易学易用、使用方便、体系结构开放等多项优点。该软件在二维绘图方面以其功能强、使用方便、符合绘图习惯等特点广为流行，在大中专、职业教育的 CAD 教学中是首选的软件，也是企业技术、设计人员广为使用的绘图软件。

AutoCAD 2010 版本于 2009 年 4 月上市，新版本除大幅提升 AutoCAD 这一拥有全球最广泛用户群软件平台的三维设计功能，更以 AutoCAD 系列专业版力助工程建设、汽车、制造、传媒娱乐、基础设施与电信行业企业更加高效地实现数字化设计、可视化和仿真分析，使 AutoCAD 软件功能更强大，使用更方便。

AutoCAD 2010 软件显著加强了三维设计能力，包括参数化绘图、自由形态设计工具、增强的 PDF 工具以及三维打印等。新增的功能能够帮助设计师轻松解决更加复杂多变的设计需求。

本书由孔繁臣和黄娟主编，顾寄南、袁浩、侯永涛、潘金彪、江洪等参编，卢章平教授提出了宝贵的意见和建议，在此表示衷心的感谢。

由于编者水平所限，书中存在疏漏和不足之处，希望使用本教材的师生及同行批评指正。

编　者

2009 年 6 月

目 录

1 AutoCAD 2010 的基本知识

AutoCAD 是在 Windows2000、WindowsNT、WindowsXP 等操作系统下都能运行的图形软件，应用在很多领域，比如机械、建筑、电子等行业，目前已成为计算机上最流行的 CAD 软件之一。

AutoCAD 从 1982 年上市以来，经过 R13、R14、2000 等十多次的升级，2009 年 4 月推出 AutoCAD 2010 版本，软件经过不断的改进和提高，功能日趋强大。目前 AutoCAD 2010 中文版是系列软件中最新、功能最强大的版本。它贯彻了 Autodesk 公司一贯为广大用户考虑的方便性和高效率，为多用户合作提供了便捷的工具与规范的标准，以及方便的管理功能，因此用户可以与设计组密切而高效地共享信息。与以前版本相比，AutoCAD 2010 中文版在性能和功能两方面都有较大的增强和改善。

1.1 AutoCAD 2010 的安装

1.1.1 AutoCAD 2010 安装需要的计算机配置

1.1.1.1 32 位 AutoCAD 2010

- Microsoft Windows XP 专业版或者家庭版（SP2 或者更高版本）；
- Intel Pentium 4 处理器或者 AMD Athlon 双核处理器，1.6 GHz 或者更高主频支持 SSE2 技术；
- 2 GB 内存；
- 1 GB 可用磁盘空间（用于安装）；
- 1024×768 VGA 真彩色；
- Microsoft　Internet Explorer 7.0 浏览器或者更高版本。

或者

- Microsoft Windows Vista 企业版、商用版、旗舰版或者家庭高级版（SP1 或者更高版本）；
- Intel Pentium 4 处理器或者 AMD Athlon 双核处理器，3 GHz 或者更高主频支持 SSE2 技术；
- 2 GB 内存；
- 1 GB 可用磁盘空间（用于安装）；
- 1024×768 VGA 真彩色；
- Microsoft Internet Explorer 7.0 浏览器或者更高版本。

1.1.1.2 64 位 AutoCAD 2010

- Windows XP Professional 64 位版（SP2 或者更高版本），或者 Windows Vista（SP1

或者更高版本），包括：企业版、商用版、旗舰版或者家庭高级版；

● 支持 SSE2 技术的 AMD Athlon 64 位处理器或 AMD Opteron 处理器，或者支持
EM64T 和 SSE2 技术的 Intel Xeon 处理器或 Intel Pentium 4 处理器；

● 2 GB 内存；

● 1.5 GB 可用磁盘空间（用户安装）；

● 1024×768 VGA 真彩色；

● Microsoft Internet Explorer 7.0 浏览器或者更高版本。

1.1.1.3   3D 建模要求（全配置）

● Intel Pentium 4 处理器或 AMD Athlon 处理器，3.0 GHz 或更高配置；Intel 或 AMD
双核处理器，2.0 GHz 或更高配置；

● 2 GB 或者更大内存；

● 2 GB 可用磁盘空间（不包括安装所需空间）；

● 1280×1024 32 位彩色视频显示适配器（真彩色），工作站级显卡（128 M 显存或者
更高，支持 Microsoft Direct3D）。

1.1.2   AutoCAD 2010 安装

将安装光盘放入光驱，然后进行安装，步骤如下：

（1）点击根目录下的 setup.exe 文件进行安装，出现如图 1-1 所示的初始化界面。

图 1-1   安装初始化界面

（2）等待几分钟后，出现安装界面，如图 1-2 所示。

图 1-2   开始安装界面

（3）选择安装的产品，如图 1-3 所示。

图 1-3　选择安装产品

（4）初始化安装产品，如图 1-4 所示。

图 1-4　初始化安装的产品

（5）接受协议，如图 1-5 所示。

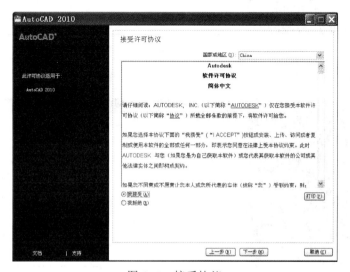

图 1-5　接受协议

（6）输入产品和用户信息，如图 1-6 所示。

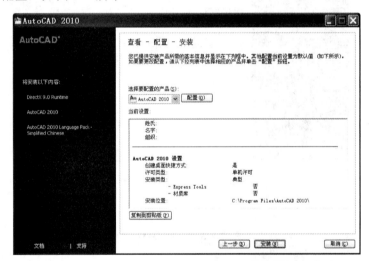

图 1-6　输入产品和用户信息

（7）查看配置，如图 1-7 所示。

图 1-7　查看配置

（8）选择使用许可类型，如图 1-8 所示。

图 1-8　选择许可类型

（9）选择安装类型，如图 1-9 所示。

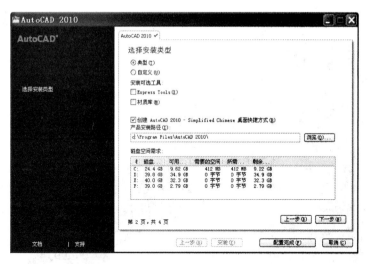

图 1-9　选择安装类型

（10）等配置完成，如图 1-10 和图 1-11 所示。

图 1-10　配置完成

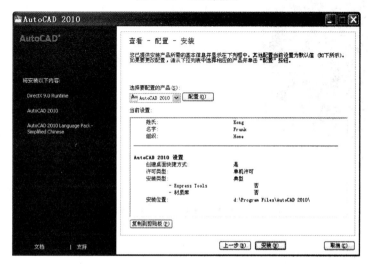

图 1-11　进入安装

（11）进入安装过程，如图 1-12 所示，需要等待几分钟。

图 1-12   安装过程中

（12）安装结束，如图 1-13 所示。

图 1-13   安装结束

1.2   AutoCAD 2010 的启动

双击 Windows 桌面上的 AutoCAD 2010 的图标，或选择"开始\程序\Autodesk\
AutoCAD 2010-Simplified Chinese\AutoCAD 2010"，弹出"新功能专题研习"对话框，选

择"不，不再显示此消息"，"确定"后，进入绘图状态。默认的新建文件以 Acadiso.dwt
作为样板文件。

1.3 AutoCAD 2010 的界面

为了能和软件系统更好地沟通，有必要对人（用户）-机（AutoCAD 图形系统）交流
的界面作一了解。启动 AutoCAD2010 后，便进入到人机界面，如图 1-14 所示，这是
"AutoCAD 经典"空间界面。界面主要由标题栏、菜单栏、快捷菜单、各种工具条、绘图
窗口、命令行与文本窗口、状态栏等构成。

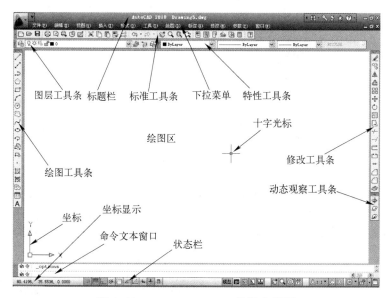

图 1-14　AutoCAD 2010 的用户界面

人机界面是软件和用户交流的通道，用户必须通过它向软件发出绘图命令，软件接受
并理解命令之后需要用户提供信息以完成绘图的要求。这是一个人机互动的过程，需要人
机界面作为人与机器沟通的手段。

1.3.1 标题栏

屏幕的最顶部是"标题栏"，如图 1-15 所示。它显示了当前使用的软件 AutoCAD 的图
标和当前打开图形文件的名称，如果没有打开任何文件，系统将给予缺省文件名 Drawing。
在标题栏的右侧中间是工具条，里面包含"搜索"、"速博应用中心"、"通讯中心"、"收藏
夹"和"帮助"等工具。在标题栏右侧有三个 Windows 标准按钮，其功能依次为最小化、
最大化、关闭。

图 1-15　标题栏

点击标题栏左侧 AutoCAD 的图标，弹出如图 1-16 所示的菜单，里面包含对文档的一

些操作菜单，以及"选项"、"退出 AutoCAD"等操作命令。

图 1-16　图标弹出菜单

点击左侧 AutoCAD 的图标旁侧的下拉按钮，弹出如图 1-17 所示的屏幕菜单，里面是一些常用的命令，用户可以根据自己的需要，添加常用的命令。点击如图 1-17 所示的屏幕菜单上的"更多命令"，弹出"自定义用户界面"对话框，如图 1-18 所示，用户可以根据自己的需要，选择添加命令。

图 1-17　下拉按钮弹出屏幕菜单

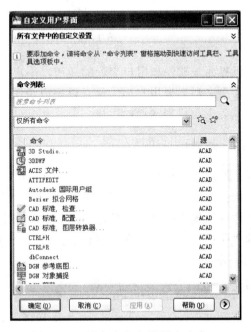

图 1-18　用户自定义常用命令窗口

1.3.2 下拉菜单

标题栏下面是下拉式菜单，和其他 Windows 应用程序非常类似，有"文件"、"编辑"、"视图"、"插入"、"格式"、"工具"、"绘图"、"标注"、"修改"、"参数"、"窗口"等。每一下拉菜单下都有很多菜单项，菜单项下面还可能有子菜单，子菜单下可能还有下一级子菜单，这样就构成了树状结构，如图 1-19 所示。每一菜单项实际上都对应着一个命令，所以点取菜单项就是调入对应的命令。

注意：菜单项后带有"▶"的表示它有一个级联子菜单，菜单项后带有"…"的表示此菜单项将调出一对话框。

1.3.3 工具条

在第一次打开 AutoCAD 软件的时候，软件系统默认在绘图区的上方有"标准"工具条、"图层"工具条、"特性"工具条，在绘图区的左侧有"绘图"工具条，在绘图区的右侧有"修改"工具条。

在任一工具条上右键，弹出工具条选择菜单，如图 1-20 所示。前面打√的表示已经调用的工具条，我们可以用左键来选择需要的工具条。

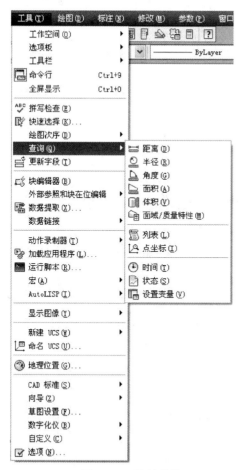

图 1-19 菜单结构

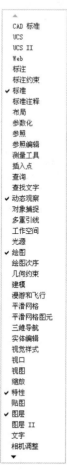

图 1-20 工具条的调用

工具上每个小图标代表一个命令，当光标指向某个图标并略停，会显示该图标的命令，单击它就执行该命令。并且这些工具条可随意配置，每个工具条可随意拖动放于任意位置。

1.3.4　绘图区

中间较大空白区域为"绘图区"，又称视图窗口。绘图区实际上相当于我们手工绘图时使用的图纸，这个区域没有边界，是一个无限宽广的区域。

1.3.5　命令窗口

绘图区下面是"命令窗口"，它由"命令行"和"历史记录窗口"组成。"命令行"显示了输入命令的内容和提示信息，在这里，我们可以通过输入命令来创建、编辑、观察图形。"历史记录窗口"则是记录了操作的全过程，查看其内容可按右侧滚动块滚动或按 F2 功能键将 AutoCAD 文本窗口打开。

1.3.6　状态栏

屏幕底部为 AutoCAD 的状态栏，如图 1-21 所示。它显示了当前 AutoCAD 运行状态。左侧为光标坐标位置显示，右侧为一些状态开关：捕捉、栅格、正交、极轴、对象捕捉、对象追踪、线型、模型，用鼠标单击它们即可开关。

图 1-21　状态栏

1.3.7　十字光标

当我们在系统进行操作时，可看到三种不同的光标形式。"十字光标"为最常出现的光标形式，它的大小可以定义，如图 1-22 所示。

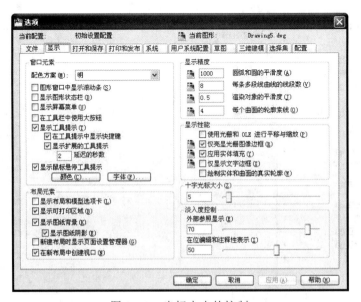

图 1-22　光标大小的控制

自动捕捉标记也称为"拾取框",是一个小方框,主要用于自动捕捉对象,其大小也可以调整,如图 1-23 所示。

图 1-23 拾取框大小的控制

当访问菜单和工具条时,光标变为箭头。

1.3.8 快捷菜单

快捷菜单也称为上下文关联菜单,如图 1-24 所示。在绘图区域、工具条、状态栏、模型与布局选项卡及一些对话框中单击鼠标右键都将会弹出一个快捷菜单,其中的命令与 AutoCAD 当前状态相关。使用他们可以在不启动菜单栏的情况下,快捷、高效地完成某些操作。

图 1-24 快捷菜单

1.3.9 AutoCAD 2010 在用户界面上提供的新功能

1.3.9.1 常用工具的访问

点击界面右下角 " ⚙二维草图与注释▼ " 按钮，将空间切换到 "二维草图与注释"，弹出如图 1-25 所示的界面。

图 1-25 "二维草图与注释"空间界面

在这个界面上，最左边的菜单是 "常用" 命令菜单，里面提供了绘制草图或者说平面图形常用的命令，如图 1-26 所示。

图 1-26 "常用"命令菜单

同样的操作，点击 " ⚙三维建模▼ " 按钮，在进入的 "三维建模" 空间界面中，最左边的菜单即是 "常用" 命令菜单，里面提供了三维建模常用的命令，如图 1-27 所示。

图 1-27 "三维建模"空间界面

1.3.9.2 搜索命令的方便使用

在 AutoCAD 2010 工作界面（无论是哪种空间界面）右上部分，或者在工作界面左上角图标下拉按钮上点击，在弹出的菜单里面，提供了一个快速查询的工具，我们可以在"搜索"里面输入需要查询的内容，弹出"帮助文件"里相关的内容，包括"用户手册"、"命令参考"、"自定义手册"以及"Autodesk 联机"等相关内容，如图 1-28 所示。

图 1-28　搜索结果窗口

1.3.9.3 查询最近打开过的文档

在工作界面左上角图标下拉按钮上点击，弹出文件管理的菜单，里面第一个是文档显示，提供了两种显示文档的形式：显示"最近使用的文档"和显示"打开文档"。在显示的文档里面，我们还可以根据"排序列表"或者"访问日期"、"大小"、"类型"等排列显示这些文档，如图 1-29 所示。

在这些文档上稍停，还会显示该文档的详细信息，包括目录、日期、版本、预览等，如图 1-30 所示。

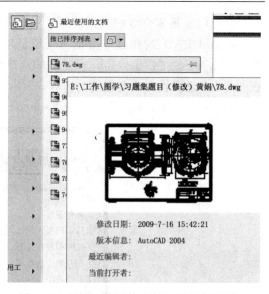

图 1-29 显示"最近使用的文档"查询功能   图 1-30 "最近使用的文档"文档的预览

1.4 AutoCAD 2010 的文件管理

1.4.1 新建文件

通过下拉菜单"文件"→"新建"，或键盘"Ctrl+N"，或在命令行中输入"New"，
或点击标准工具条中的"新建"图标，都可创建新文件。我们也可以使用"打开"命令，
选择已有的样板文件，如图 1-31 所示。

图 1-31 使用样板文件

1.4.2 保存文件

若文件还未保存过，通过下拉菜单"文件"→"保存"、"Ctrl+S"、在命令行中输入"Save"或点击"标准"工具条中的"保存"图标 ，都可弹出保存图形对话框，如图 1-32 所示。在"保存类型"下拉列表图形文件（*.dwg）中我们可选各项：如 AutoCAD 2010 图形(*.dwg)、AutoCAD 2007/LT2007 图形(*.dwg)、AutoCAD 2004/LT2004 图形(*.dwg)、AutoCAD 2000/LT2000 图形(*.dwg)、AutoCAD R14/LT98/LT97 图形（*.dwg）、AutoCAD 图形标准（*.dws）、AutoCAD 图形样板文件（*.dwt）。第一种为缺省格式，即存为 AutoCAD 2010 文件格式；第二种为 AutoCAD 2007/LT2007 格式，这种图形文件可有 2007 版本或高于 2007 版本中直接使用。第三种为 AutoCAD 2004/LT2004 格式，这种图形文件可在 2004 版本或高于 2004 版本中直接使用；第四种为 AutoCAD 2000/LT2000 图形格式，这种图形文件可在 2000 版本或高于 2000 版本中直接使用；第五种为 AutoCAD R14/LT98/LT97 图形格式，这种图形文件可在 R14 版本或 R14 以上版本中直接使用。因此 AutoCAD 软件具有单向兼容性，即低版本的文件可在高版本中打开，反之不行。最后一种是将图形文件存为样板图形文件。当然在"保存类型"下拉列表中还有*.dxf 文件。

图 1-32 文件保存对话框

若文件已保存过，可以通过下拉菜单"文件"→"另存为"可将文件存为其他文件名。

1.4.3 打开文件

通过下拉菜单"文件"→"打开"，或键盘"Ctrl+O"，或在命令行中输入"Open"，或点击"标准"工具条中的"打开"图标 ，都可弹出打开图形对话框，如图 1-33 所示。在左边的列表框中选取需打开的文件。在右边预览框中可预览图形，然后按"确定"按钮即可打开图形文件。

图 1-33　打开文件对话框

1.4.4　退出软件

可使用下列方法退出系统：

（1）通过下拉菜单"文件"→"退出"，若文件刚刚保存过，则立即退出系统，否则将弹出对话框，询问是否将改动保存到文件。

（2）命令行中键入"Quit"命令，会出现和方法（1）相同的提示。

（3）点击屏幕右上端关闭按钮，会出现和方法（1）相同的提示。

（4）点击屏幕左上端系统图案或键盘"Alt+F4"，会出现和方法（1）相同的提示。

1.5　AutoCAD 2010 的图形选择方式

AutoCAD 提供了很多选择编辑目标的方法，当输入编辑命令后，命令行将会出现选择对象的提示，AutoCAD 提供下列方法将实体选中：

（1）直接指点式。缺省选择项。在有些编辑命令使用过程中，命令行提示选择对象时，屏幕上出现一个小方框，称为"拾取框"，用它来拾取实体对象。在拾取过程中找到落在拾取框中与拾取框交叉的实体，按下鼠标即可选择。

（2）窗口（Window）方式。在命令行提示"选择对象"时，输入"W"，以点取的两点为角点构成一矩形选择窗口，将完全落在窗口内的实体选中，先点取左上角，后点取右下角。

（3）交叉窗口（Crossing）方式。在命令行提示"选择对象"时，输入"WP"，要求点取两点为角点构成一矩形选择窗口，将与窗口交叉和完全落在窗口内的实体选中，先点取右下角，后点取左上角。

（4）多边形交叉窗口（Crossing Polygon）方式。在命令行提示"选择对象"时，输入"CP"，要求绘制一多边形构成一选择窗口，将与窗口交叉和完全落在窗口内的实体选中。

（5）最后（Last）方式。在命令行提示"选择对象"时，输入"L"，将最后生成的实体选中。

（6）上一次（Previous）方式。在命令行提示"选择对象"时，输入"P"，将选择前一次选择的实体。

（7）全部（All）方式。在命令行提示"选择对象"时，输入"A"，除了被锁住或冻结图层上的实体以外，其他实体都被选中。

（8）取消（Undo）方式。在选择过程中输入"U"，可从刚刚选择构成的集合中移出上一次选择的实体。

（9）减（Remove）方式。在命令行提示"选择对象"时，输入"R"，将选择切换到减方式，从选择集中移出不要的选择。

（10）加（Add）方式。从减（Remove）模式切换到正常状态，以便将后面选择的实体继续选中。

1.6　AutoCAD 2010 的精确绘图方式

1.6.1　坐标系的基本知识

AutoCAD 的坐标系统有多种表示方法。在工作区左下角有一图标，即 为坐标系图标，它表示了坐标系的原点和坐标系的形式。我们可看到坐标向上为 Y 轴正方向，向右为 X 轴正方向，坐标系形式为世界坐标系。

1.6.1.1　直角坐标

直角坐标包括绝对直角坐标和相对直角坐标。

绝对直角坐标：假定从（0，0）原点出发，用 X 和 Y 值来定位所有的点。比如：（10,20），表示距原点 X 方向 10，Y 方向 20 的一点。

相对直角坐标：它是相对于前一点的直角坐标 X 和 Y 值，来定位其他的点。比如：（@10，20），表示相对前一点 X 方向 10，Y 方向 20 的一点。相对直角坐标当然也适用于 3D 空间，比如（@10，20，10）表示相对于前一点 X 方向 10，Y 方向 20，Z 方向 10 的一点。

1.6.1.2　极坐标

极坐标包括绝对极坐标和相对极坐标。

绝对极坐标：假定从（0，0）原点出发，用 $\rho < \theta$ 定位所有的点，其中 ρ 表示极径，θ 表示极角，比如：（10<45），表示从原点出发，极径为 10，极角为 45° 的一点。

相对极坐标：它是相对于前一点的 ρ、θ 值，来定位其他的点。比如：（@10<45），表示相对于前一点，极径为 10，极角为 45° 的一点。对于角度，系统缺省逆时针为正。

1.6.1.3　柱坐标

表示 3D 空间位置，用 ρ、θ 和 Z 表示。比如：（10<45,30）表示从原点出发极径为 10，极角为 45°，沿 Z 轴 30 的一点；（@10<45,30）表示相对于前一点极径为 10，极角为 45°，沿 Z 轴 30 的一点。

1.6.1.4　球坐标

表示 3D 空间位置，用 R、β 和 γ 表示，R 表示球半径。比如：（10<45<30）表示从原点出发球半径为 10，XY 平面中与 X 轴成 45°，以及在 Z 轴正向上与 XY 平面成 30°角的点；（@10<45<30）表示相对于前一点球半径为 10，XY 平面中与 X 轴成 45°，以及在 Z 轴正向上与 XY 平面成 30°角的点。

以上所讲的坐标系都是世界坐标系。

1.6.1.5　用户坐标系统

AutoCAD 允许用户自定义坐标系。用户坐标系主要用于三维建模中。

自定义坐标系的几种方法如下：

（1）选择下拉菜单：“工具”→“新建 UCS”；

（2）单击“UCS”工具条或“标准”工具条上的“UCS”按钮 ；

（3）命令行输入“UCS”。

发出命令后 AutoCAD 命令行显示：

输入选项[新建（N）/移动（U）/正交（G）/上一个（P）/恢复（R）/保存（S）/删除（D）/应用（A）/?/世界（W）]<世界>：

1.6.2　输入

1.6.2.1　命令的输入

在命令行中可以直接输入各种命令，比如要画圆，可以在命令行中输入“Circle”，调用画圆命令，显然这样很繁琐，可以用命令的缩写来调用命令，比如“Line”可以缩写为“L”，“Circle”可以缩写为“C”等，这样可以通过键盘快速输入命令。每个命令对应的缩写可以查询：“工具”→“自定义”→“编辑自定义文件”→“程序参数文件”（acad.pgp），可以对该文件进行修改，如图 1-34 所示，并用命令“Reinit”进行初始化，就可以使用自己定义的缩写了。

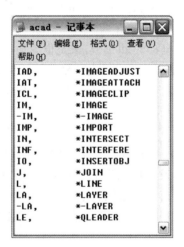

图 1-34　关于命令缩写

为了快速绘图，经常需要快速调用刚刚使用的上次命令，可以直接回车或空格再次将刚刚使用过的命令调出；也可以直接鼠标右键，在弹出菜单中选择“重复……”，如图 1-35

所示。如果调用最近使用过的命令可以在命令窗口或历史窗口中右键，弹出如图 1-36 所示菜单，选择所需的命令。

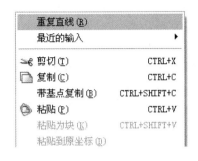

图 1-35　快捷菜单快速调用使用过的命令　　　　图 1-36　命令行调用使用过的命令

1.6.2.2　坐标输入

对于坐标的输入，在需要给定坐标点时可以用前面讲的直角坐标或极坐标的任何一种方式输入。例如画一条直线，如图 1-37 所示。

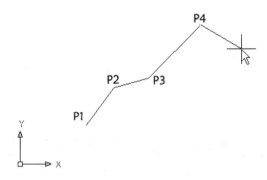

图 1-37　绘制直线

命令：line✓
line 指定第一点:80,50 ✓　　　　　　　　（输入直线第一点，用绝对直角坐标输入）
指定下一点或 [放弃(U)]:@30,40 ✓　　　（输入直线第二点，用相对直角坐标输入）
指定下一点或 [放弃(U)]:@40<15 ✓　　　（输入直线第三点，用相对极坐标输入）
指定下一点或 [闭合(C)/放弃(U)]:80 ✓　（输入直线第四点，直接给定直线长度）
…　…

需要注意的是第四点的输入，直接给定了数值为 80，没有用一般坐标的方法输入，这个 80 代表什么？我们知道要确定一点必须要给定两个坐标或一个长度一个角度，这里只给了一个数值，另一个所需的数值是隐含的，就是说这个给定的数值实际上是长度，角度隐含在当前光标牵引的直线中（长度给定并回车时，当前光标到刚刚绘制点之间的连线的角度为所需的角度）。这种方式配合极轴追踪可以非常快速地绘制图形，是快速、精确绘制图形的一种方式。

我们可以看到如果采用坐标输入可以非常精确地定位一个点，但是要输入点的坐标也是非常乏味的，而且如果这样绘图显然太繁琐，也不可能快速地绘图，而且工程图样中我们无法计算出每一个点的坐标，所以采用坐标输入来定位一个点只是我们确定点的一种方式，但不是主要方式，还可采用动态输入、极轴、对象捕捉、对象追踪等方式。

1.6.2.3 动态输入

动态输入设置可使用户直接在鼠标点处快速启动命令、读取提示和输入值，而不需要把注意力分散到绘图窗口以外。用户可在创建和编辑几何图形时动态查看标注值，如坐标、长度和角度，光标旁边显示提示信息将随着光标的移动而动态更新。当某个命令处于活动状态时，可以在提示中输入值，通过 Tab 键可在这些值之间切换，实现更直观的绘图功能，而不必在命令行中进行输入，如图 1-38 所示。

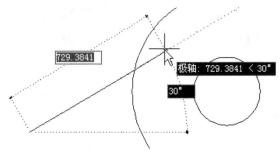

图 1-38 动态输入

我们可使用在状态栏中切换"DYN"来启用动态输入功能。在状态栏的"DYN"上单击鼠标右键，选择"设置"按钮，如图 1-39 所示，提供了设置动态输入功能的样式、可见性和外观。

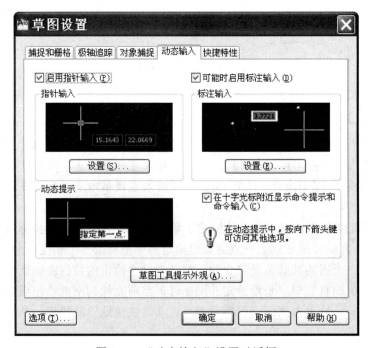

图 1-39 "动态输入"设置对话框

"动态输入"有三个组件：指针输入、标注输入和动态提示。可以通过单击状态栏上的"DYN"来打开或关闭动态输入（快捷键为 F12）。

（1）启用指针输入。打开指针输入后，当在绘图区域中移动光标时，光标处将显示坐标值。要输入坐标，输入值并按 Tab 键，将焦点切换到下一个工具条提示，然后输入下一个坐标值。在指定点时，第一个坐标是绝对坐标，第二个或下一个点的格式是相对极坐标。如果需要输入绝对值，在数值前加上前缀符号（#）。

（2）启用标注输入。启用"标注输入"后，坐标输入字段会与正在创建或编辑的几何图形上的标注绑定。工具条提示中的值将随着光标的移动而改变。要输入值，按 Tab 键移动到要修改的工具条提示，然后输入距离或绝对角度。将光标悬停在夹点上以编辑对象时，工具条提示将显示原始标注。移动夹点时，长度和角度值将动态更新。

（3）动态提示。我们可以在工具条提示而不是命令行中输入命令，如图 1-40a 所示。也可以在动态提示栏中做出响应。如果提示包含多个选项，请按下箭头键查看这些选项，然后单击选择其中一个选项，如图 1-40b 所示。动态提示可以与指针输入和标注输入一起使用。

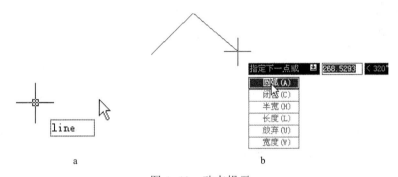

图 1-40 动态提示

a—动态提示直接在工具条提示中输入命令；b—动态提示选择选项

在使用夹点编辑时，动态输入也非常有用。在图中绘制一直线，然后直接点击直线，进入夹点编辑，光标靠近端点，将会出现动态提示，显示直线的长度和角度，如图 1-41 所示。点击端点，端点附着到光标上，动态提示更改后的端点信息，如图 1-42 所示。

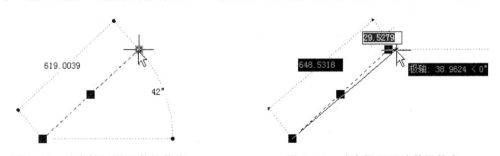

图 1-41 动态提示图形数据信息   图 1-42 动态提示更改数据信息

1.6.2.4 访问命令和最近数据

AutoCAD 提供了自动完成功能来迅速输入不常用的命令。在命令提示中，用户可输入系统变量或命令的前几个字母，然后按 Tab 键来遍历所有有效的命令。例如，在命令提示

中输入 "L"，然后按 Tab 键，就可以在所有以 L 开头的命令中查找需要的命令。

在连续使用 AutoCAD 命令时，用户可能发觉同样的数据会重复输入很多次。重复输入数据会使效率低下，而且也容易出错。为了减少出错和节约时间，AutoCAD 提供了新的最近输入功能。用户可访问最近使用的数据，包括点、距离、角度和字符串。

要使用该功能，可在命令行中按箭头键的上下键，或从右键菜单中选择最近输入项。最近使用值与上下文有关。例如，在命令行提示输入距离时，最近输入功能将显示之前输入过的距离。当在旋转命令中提示输入角度时，之前使用的旋转角度将会显示出来。

1.6.3　对象捕捉与追踪

在图纸绘制中，快速、精确绘图是非常重要的，直接影响着后续的工作，比如尺寸的标注等。AutoCAD 提供了一些绘图辅助工具来帮助用户精确绘图（例如中点和切点），下面我们看看对象捕捉功能和追踪功能。

1.6.3.1　对象捕捉功能

AutoCAD 提供了多种不同的捕捉方式，在使用对象捕捉时，可以通过"对象捕捉"工具条使用，如图 1-43 所示。

图 1-43　对象捕捉工具条

也可以在状态栏的"对象捕捉"上右键，调出"草图设置"对话框，在"对象捕捉"页面中设置常用对象捕捉方式，如图 1-44 所示，设置后，将作为自动捕捉的一种方式，比如设置了中点，在绘图状态下只要光标靠近中点，系统就会用靶框提示找到中点。对象捕捉不是命令，只是一种状态，它必须是在某个命令执行过程中才能使用。

图 1-44　对象捕捉对话框

现将工具条中各种按钮的功能分别进行介绍，如表 1-1 所示。

表 1-1   对象捕捉的功能

图 标	按钮含义	对象捕捉的使用
	捕捉到端点	绘图时，若要选取端点，可将靶框移动到直线或圆弧上，使靶框靠近需要捕捉的那一端点，即可捕捉
	捕捉到中点	绘图时，若要选取中点，可将靶框移动到直线或圆弧上，使靶框靠近需要捕捉的中点，即可捕捉
	捕捉到圆心	使用"圆心"方式，可以捕捉一个圆、弧、椭圆或圆环的圆心。当靶框靠近需要捕捉的圆、弧、椭圆、圆环对象，或者靠近它们的圆心，即可捕捉
	捕捉到节点	用于捕捉点实体
	捕捉到象限点	把圆、弧、椭圆或圆环四等分后，每一部分称为一个象限，对应在 0°、90°、180°、270°的圆周上点称为象限点。象限点捕捉方式就是捕捉这四个象限点的，将靶框靠近要捕捉的象限点，系统即可将其捕获
	捕捉到交点	这种方式用于捕捉二维或三维空间两实体的交点，但不能为虚交点（交叉两直线在某一投影方向上的交点）
	捕捉到延长线	是捕捉假想延长得到的交点，如果两对象没有实际相交，用这种方式可以非常方便地找到它们的交点
	捕捉到插入点	捕捉块、图形、文字或属性的插入点
	捕捉到垂足	这种方式是捕捉实体上一点，使这点和当前点的连线垂直于该实体
	捕捉到切点	在圆弧上捕捉一点，这一点和另外一点的连线与该圆弧相切
	捕捉到最近点	主要用于捕捉实体上离靶框最近的点
	捕捉到外观交点	用于捕捉二维图形中看上去是交点，而在三维图形中并不相交的点
	捕捉到平行线	捕捉直线的角度，过一点作该直线的平行线
	临时捕捉点	创建对象捕捉所使用的临时点
	捕捉自	从临时参考点偏移到所要捕捉的地方
	无捕捉	关闭对象捕捉模式
	对象捕捉设置	设置自动捕捉模式

另外一种快速对象捕捉的方法是：在绘图过程中，当要求用户指定点时，按住 Shift 键或 Ctrl 键单击鼠标右键，会弹出对象捕捉快捷菜单中，选择需要的捕捉方式，如图 1-45 所示。

也可以在需要给定点时直接单击右键，在弹出菜单中选择"捕捉替代"进入"对象捕捉"菜单，如图 1-46 所示。

从图 1-46 中可以发现在快捷菜单中较工具条多了几项捕捉模式："两点之间的中点"、"点过滤器"等。捕捉功能"两点之间的中点"，实际上非常简单，就是捕捉两点之间的中点，使用时先点击两个点，系统自动找到两点之间的中点。

1.6.3.2   对象追踪功能

使用对象捕捉追踪，可以沿着基于对象捕捉点的对齐路径进行追踪。在绘图路径上移动光标时，将显示相对于获取点的水平、垂直或极轴对齐路径。如图 1-47 所示，绘制第三点时需要与第一点和第二点对齐，这时光标到这两点停留一下，出现端点捕捉后就离开，最后到需要绘制的第三点附近，就会自动捕捉到所需的第三点。

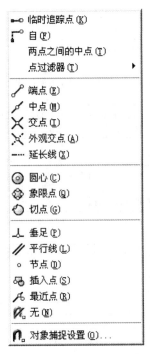

图 1-45　快速使用对象捕捉

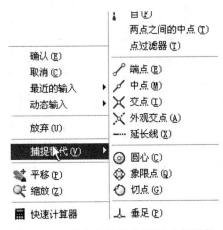

图 1-46　单击右键弹出快速对象捕捉

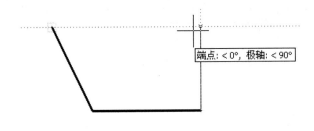

图 1-47　对象追踪应用

1.6.3.3　极轴追踪

　　极轴追踪是替代传统绘图中三角板作用的最好工具，在传统绘图中经常需要绘制 30°、60°、45°、15°、75°、90° 等 15° 倍角直线，这些直线的绘制是通过 60° 和 45° 三角板来绘制的。而使用极轴追踪则可以方便地绘制这些角度直线，在"草图设置"对话框中选"极轴追踪"页面，如图 1-48 所示，可以启用极轴追踪并对极轴角度进行设置。

　　在"增量角"下拉列表框中可以选择系统预设好的角度。如果该选项中没有用户需要的角度，选择"附加角"选项，再单击"新建"按钮，设置附加角度。附加角度和增量角度不同，在极轴追踪中会捕捉增量角及其整数倍角，并且捕捉附加角设定的角度，但不一定捕捉附加角的整数倍角，如图 1-49 所示。

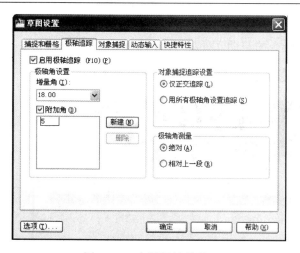

图 1-48   启用极轴追踪

图 1-49   极轴追踪应用

1.7   AutoCAD 2010 获得帮助

在使用 AutoCAD 软件过程中不明确功能以及命令的操作等,可以通过帮助软件来解决问题。打开帮助软件有两种方式:(1)按键盘的 F1 按钮;(2)点击标题栏右侧的 按钮,如图 1-50 所示。

图 1-50   点击按钮得到"帮助"文件

在没有选择的时候,按键盘 F1 按钮,出现帮助软件,如图 1-51 所示。在"帮助"的左边有"目录"、"索引"和"搜索"三个选项卡,我们可以通过这三种方式得到帮助文件。

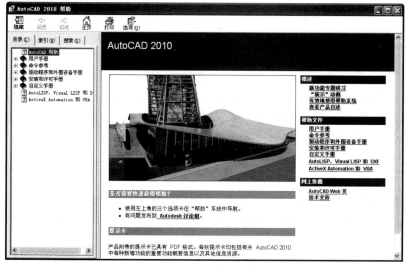

图 1-51   帮助文件

在命令使用过程中，或者将鼠标放在命令按钮上稍停，再按 F1 按钮，出现"帮助"软件，这时，"帮助"软件直接打开到该命令的帮助文件处，如图 1-52 所示。

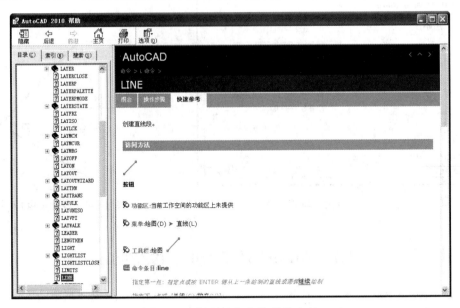

图 1-52   得到某命令的帮助文件

在绘图的过程中，我们一般利用帮助软件来熟悉命令，一般使用"索引"或"搜索"。在"索引"或者"搜索"中，我们可以通过英文命令（例如：Line）来搜索对应的帮助文件，我们也可以通过中文命令（例如：直线）来搜索。搜索得到的结果一般会有"概念"、"操作步骤"和"快速参考"等几个选项卡，我们可以根据需要得到想要的信息。

1.8   AutoCAD 2010 的新功能

AutoCAD 2010 版本中引入了全新功能，其中包括一些界面的增加、自由形式的设计工具、参数化绘图、加强 PDF 格式的支持等。

1.8.1   用户界面

AutoCAD 2010 版本在用户界面上添加了新的功能，可以让我们快速方便地使用一些常用的命令，面板上的查询功能也使得软件使用更为方便。详细参考本章 1.3.9 节的"AutoCAD 2010 在用户界面上提供的新功能"。

1.8.2   三维建模

在三维建模部分，AutoCAD 2010 软件提供了较 2009 版本更为多样的建模方法和工具，尤其在网格部分，通过逐步平滑、锐化等多种方法，强化了曲面设计功能。曲面设计在本书中没有详细阐述。

三维打印是在几小时内创建三维模型的真实且准确的原型的过程，是 AutoCAD 2010 提供的全新的功能。我们可以将三维模型直接发送给其他用户，该用户可以使用三维打印机创建原型。与其他方法相比，通过此方法创建或修改原型，能够节约时间和成本。

1.8.3 参数化图形

在 AutoCAD 2010 中，引进了几何约束的概念，类似于一些高端建模软件。几何和尺寸约束确保在绘制的对象修改后还保持特定的关联及尺寸，例如相切等。

这个功能只有在"二维草图和注释"工作空间使用，创建和管理几何和尺寸约束的工具在"参数化"功能区选项卡，它在二维草图和注释工作空间中均自动显示出来。这个功能体现在三维建模的草图绘制过程中。

1.8.4 动态块

块在 AutoCAD 软件中使用也很频繁，我们可以创建块，块有"复制"、"粘贴"、"旋转"和"缩放"集一体的功能，详细参考第 7 章"块的定义和使用"。

动态块比块的功能更强大些，即块内部的某个参数可以根据需要进行变化，我们可以将这些参数设置为动态的，根据需要来修改这些参数。

AutoCAD 2010 版本中，在动态块定义中使用几何约束和标注约束，以简化动态块创建。

1.8.5 输出和发布文件

通过"输出到"功能区面板，我们可以快速访问用于输出模型空间中的区域，或将布局输出为 DWF、DWFx 或 PDF 文件的工具。输出时，可以使用页面设置替代和输出选项控制输出文件的外观和类型。

可以将 PDF 文件附着到图形作为参考底图，方法与附着 DWF 和 DGN 文件时可以使用的方法相同。通过将 PDF 文件附着在图形上，可以利用存储在 PDF 文件中的内容，此类 PDF 文件通常附着在如详细信息或标准免责声明等内容中。

1.8.6 自定义与初始设置

在 AutoCAD 2010 版本中，用户个性化可以自定义用户界面、快速访问工具条、功能区上下文选项卡状态。详细参考本章 1.3 节"AutoCAD 2010 的界面"相关部分。

1.8.7 增强功能

（1）清理长度为零的几何图形和空文字对象。增强的 Purge 命令可删除未参照对象和未命名对象，例如长度为零的几何图形和空文字对象。我们可以清除图形和减小文件大小，而无需创建复杂的 LISP 程序。

（2）视口。通过 VPROTATEASSOC 系统变量，我们可以在布局视口中轻松旋转整个视图。

（3）图纸集。通过"发布图纸"对话框，可以轻松指定是发布整个图纸集、图纸集的子集，还是单张图纸。

（4）反转。Reverse 命令可反转选定直线、多段线、样条曲线和螺旋的顶点顺序。还可以通过 Pedit 命令的"反转"选项反转多段线，详细参考第 4 章"平面图形的绘制和编辑"的多段线部分。

（5）Splinedit 命令将样条曲线转换为多段线。新的版本中可以使用 Pedit 命令将样条曲线转换为多段线。

（6）测量增强功能。通过 Measuregeom 命令，可以获取有关选定对象的几何信息，而无需使用多个命令。新版本提供了用于测量距离、半径、角度、面积和体积的选项，详细参考第 4 章"平面图形的绘制和编辑"。

（7）外部参照淡出。通过 XDWGFADECTL 系统变量，我们可以指定外部参照图形的淡入度值。

（8）图案填充。可以使用夹点轻松更改非关联图案填充的范围。可以显示非关联图案填充对象的边界夹点控件。新版本可以使用这些夹点，同时修改边界和图案填充对象。详细参考第 5 章"文字和图案填充"的图案填充部分。

2 设置绘图环境

2.1 图　　层

图层是 AutoCAD 中的一个非常重要和常用的概念，它相当于一叠透明的纸，用户在每一层上可利用不同的线型、颜色画出不同的实体，最后将这些透明的层重叠在一起，就构成了完整的图形。比如一个机械产品由许多零件组成，每个零件可放于单独一层上。比如一个零件图有很多种线型组成，我们可以将一种线型放在一个图层上。

图层是 AutoCAD 中用户组织、管理图形的非常有效的工具，利用图层，可使图形的清晰度、修改的易操作性等大大提高。

2.1.1 图层和特性

系统默认的图层是 0 层，在我们新建一个文件而没有建立新图层时，文件只有一个图层。所有的图形对象是在 0 层上绘制的。我们可以自己定义图层，并对图层进行管理。

在屏幕绘图区的上面是"图层"工具条和"特性"工具条，如图 2-1 和图 2-2 所示，它反映当时绘图时对象的基本特性。

图 2-1 "图层"工具条

图 2-2 "特性"工具条

"图层"工具条上 ![图层显示框] 显示的是当前绘图所在的图层，以及对图层的一些设置，💡是指图层的开关，关闭图层上的图形对象将看不见，并从选择集中删除；☼是指图层在所有视口中的冻结与否，冻结图层上的图形将不参加图形运算，屏幕上不可见；是指图层在当前视口中的冻结与否；是指图层的锁定与否，锁定层的图形可见，也可在该层上作图，但图层上的图形不能编辑。

"特性"工具条上 ![ByLayer] 指的是当前绘图对象的颜色，我们可以通过下拉按钮选择需要的颜色。一般情况下，如果我们设置了图层，可按图层设置的颜色进行绘制，即尽量采用"ByLayer"（随层）。

![ByLayer] 指的是当前绘图对象的线型，我们同样可以通过下拉按钮来选择需要的线型，由于图层的明显作用，既然设置了图层，我们就采用"ByLayer"（随层）来确定线型，方便后面的查询与更改。

![ByLayer] 指的是当前绘制对象的线宽，我们可以通过下拉按钮修改将要绘制图层

对象的线宽，一般没有修改的情况下，默认的线宽是 0.25 mm。我们推荐使用细线宽为 0.25 mm，即默认线宽。粗线宽根据国家标准，选择细线宽的 2 倍，即 0.50 mm。

2.1.2　图层管理器

2.1.2.1　新建图层

点击"图层"工具条上的"图层特性管理器"按钮 🔲，出现"图层特性管理器"对话框，如图 2-3 所示。

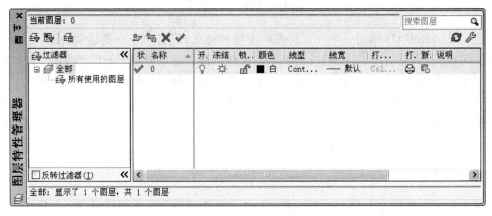

图 2-3　"图层特性管理器"对话框

在"图层特性管理器"右边的图层特性区空白的地方单击右键，出现屏幕菜单，如图 2-4 所示。选择"新建图层"即可创建一个新的图层，新创建的图层属性与在这之前选择的图层相同，若在这之前没有选择，则与"0 层"属性相同。新建的图层默认是"图层 1"，如图 2-5 所示。图层名可以修改，在给层命名时，应以较为简单易记、与图中对象有关的名称或者特性命名。

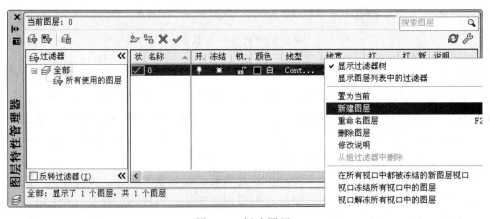

图 2-4　新建图层

图 2-5　新建图层

2.1.2.2 修改特性

A 修改颜色

新建的图层要对其特性进行修改，修改的时候直接左键点击要修改的特性，如图 2-6 所示，在■ 白处左键点击，出现“选择颜色”对话框，如图 2-7 所示，选择我们需要的颜色。颜色的选择对于在绘制复杂图形时，视觉上有明显的分辨，而且在最后打印输出时，可以选择“按颜色”打印。

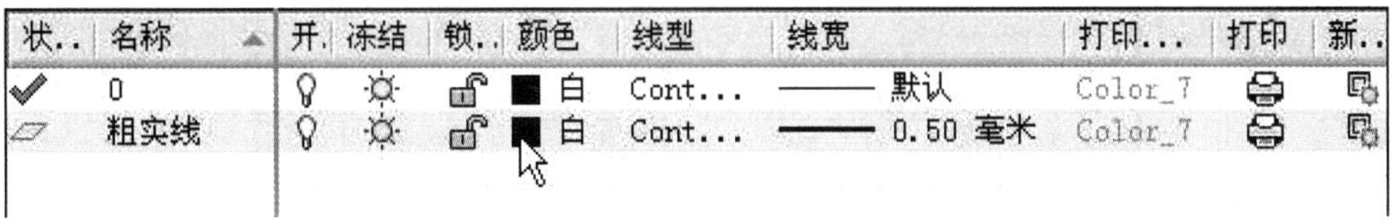
状.. 名称 开. 冻结 锁.. 颜色 线型 线宽 打印... 打印 新..
0 白 Cont... 默认 Color_7
粗实线 白 Cont... 0.50 毫米 Color_7

图 2-6 修改颜色特性

选择颜色
索引颜色
真彩色
配色系统
AutoCAD 颜色索引 (ACI):
索引颜色: 118
RGB: 0,38,19
ByLayer (L)
ByBlock (K)
颜色 (C):
白
确定
取消
帮助 (H)

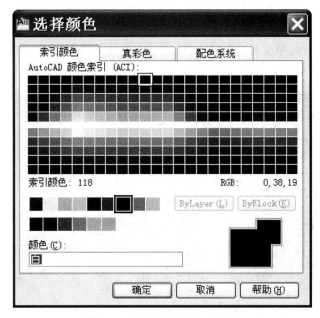

图 2-7 “选择颜色”对话框

B 修改线型

如图 2-8 所示，在 Cont... 处左键点击，出现“选择线型”对话框，如图 2-9 所示，选择我们需要的线型。在一个文件第一次设置线型的时候，“选择线型”对话框里面只有一种线型——实线。

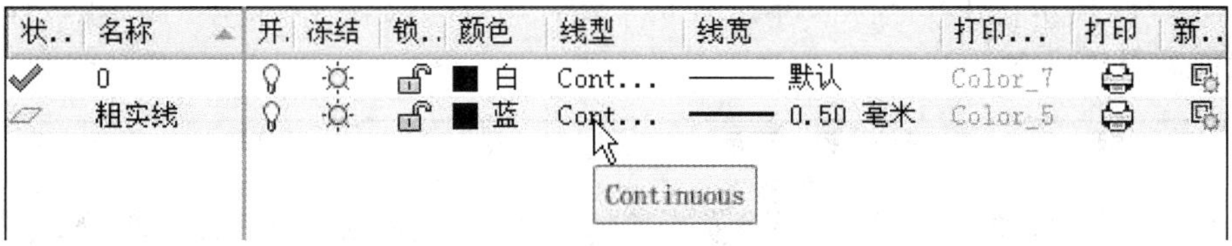
状.. 名称 开. 冻结 锁.. 颜色 线型 线宽 打印... 打印 新..
0 白 Cont... 默认 Color_7
粗实线 蓝 Cont... 0.50 毫米 Color_5
Continuous

图 2-8 修改线型特性

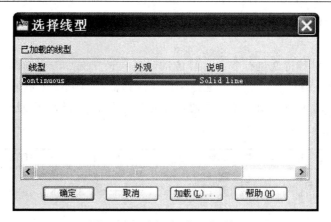

图 2-9　"选择线型"对话框

点击 <u>加载(L)...</u>，出现"加载或重载线型"对话框，如图 2-10 所示。在这个对话框里，我们选择需要的线型。一般常用的线型都包括在里面，我们也可以自己定义和加载新的线型。AutoCAD 的系统线型文件 ACAD.LIN 位于子目录 support 之下，里面定义了常见的各种线型。

图 2-10　"加载或重载线型"对话框

选择需要的线型后，点击"确定"，回到"选择线型"对话框。这时要注意，被选中的还是原来的实线，我们要再次选择需要的线型，再点击"确定"。

C　修改线宽

如图 2-11 所示，在 ——— 默认 处左键点击，出现"线宽"对话框，如图 2-12 所示，选择我们需要的线宽。

图 2-11　修改线宽特性

图 2-12 "线宽"对话框

2.1.2.3 当前层和删除图层

当前层即为当前使用的层，用绘图命令绘制的图形都产生在当前层上，当前层只能有一个，不能关闭、冻结，但可锁定。选择某一层，然后单击"当前"即可把此层设为当前层。

使用"删除"按钮 ✖，可将选择的层删除，或者选择图层，单击右键，在屏幕菜单中选择"删除图层"。但 0 层、当前层、包含图形形象的层、被外部文件参考的层不可被删除。

2.2 工具条和窗口的设置

2.2.1 位置控制

工具条既可以固定，也可以浮动。浮动工具条可位于绘图区域的任何位置。单击工具条上的空白区域并拖动，可以放到绘图区域任意位置。用户可以根据自己的习惯将常用工具条放到合适的位置，比如左右侧等。对于固定窗口或浮动窗口（例如"属性选项板"窗口、"工具选项板"窗口和"设计中心"）也是如此。

2.2.2 大小控制

光标放到浮动工具条的一条边上显示为方向箭头时拖动，即可调整其大小形状。窗口的大小也是同样方法。

2.2.3 窗口的自动隐藏与透明

在使用窗口时可能会感到窗口占据了较多的空间，可以通过自动隐藏与透明来解决这个问题。

如图 2-13 所示，将"特性"窗口打开，然后在标题栏上单击右键，在快捷菜单上显示了对窗口控制的一些选项，比如"允许固定"、"自动隐藏"等。有些窗口上的快捷菜单中还有"透明度"选项。选择"自动隐藏"，光标离开窗口，窗口只显示标题栏。

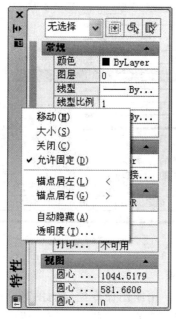

图 2-13   对窗口的控制

2.2.4   锁定

工具条和窗口可以通过系统屏幕右下角的 🔓 图标进行锁定，点击该图标，在弹出的快捷菜单中选择需要的锁定内容，如图 2-14 所示。锁定后的工具条和窗口不可以拖动，而是固定在某一位置。

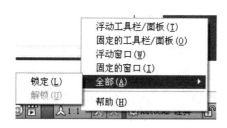

图 2-14   工具条和窗口的锁定

2.2.5   工具条的自定义

工具条自定义设置可以提高绘图效率，更改个性化工作环境。例如，可以将常用按钮合并到一个工具条中、删除或隐藏从未使用的工具条按钮，或者更改某些简单的工具条特性。

通过菜单"工具"→"自定义"→"界面"，或在任一工具条上单击右键，在快捷菜单中选择"自定义…"，或在命令行中键入"Cui"，都将调出"自定义用户界面"对话框，如图 2-15 所示。在"所有自定义文件"窗口中，找到工具条，点击"＋"展开工具条，进一步展开各工具条，如图 2-16 所示。

图 2-15 "自定义用户界面"对话框

图 2-16 工具条自定义

2.3   格 式 设 置

2.3.1   线型比例设置

在我们绘制图形的时候，虚线、点划线等线型有的时候显示的是实线，这就有两种可能：一是线型比例特别大，我们看见的短的虚线、点划线等显示的时候只显示其中的一段线条；二是线型比例特别小，线条密集在一起，我们在屏幕上看，视觉能判别的是实线。也有的时候我们看见的线型是正确的，但是线条比例和我们绘制的图形不协调，这都需要我们修改线型比例。

修改线型比例有两种常见的方法：从"线型管理器"中修改，或者是从"特性"管理器中修改。

2.3.1.1   从"线型管理器"中修改线型比例

点击"格式"→"线型"，弹出"线型管理器"窗口，如图 2-17 所示。从"线型管理器"中修改线型比例适用于全局比例。系统默认的比例因子是 1.0，当我们需要缩小线型时，输入比 1 小的参数；当我们需要放大线型的时候，输入比 1 大的参数。

图 2-17   "线型管理器"窗口

2.3.1.2   从"特性"管理器中修改线型比例

如果我们仅仅需要修改一种线型的比例，或者是一种线型的其中的一个或者是几个对象的线型的时候，我们就不可以从"线型管理器"中修改。步骤如下：

（1）选择需要修改线型比例的对象，如果选择不方便，或者要修改的对象比较多，我们选择一个就可以了。如果选择的对象有区别于其他图形对象的共同特性，我们可以用"快速选择"来选择。

（2）点击"标准"工具条上的"特性"按钮▦，或者在绘图区空白处单击右键，在弹出的屏幕菜单中选择"特性"，弹出"特性"管理器，如图 2-18 所示。在"特性"管理器中的"线型比例"一栏修改比例大小。

图 2-18 "特性"管理器修改线型比例

（3）如果有相同的对象需要修改线型比例，我们可以直接用修改以后的对象"特性匹配"到其他对象上，类似于 Word、Excel 里面的"格式刷"。

2.3.2 线宽显示设置

我们按需要对粗细线型进行了设置，但是有的时候视觉上看来粗实线太粗，影响整图的效果，或者有的粗线条视觉看来太细，和细实线没法区分，这时候我们就要修改线宽显示比例。

线宽显示比例不是将线宽真实的放大或者缩小，而是从显示的角度，把线宽显示的比例修改。

点击"格式"→"线宽"，弹出"线宽设置"窗口，如图 2-19 所示。在"调整显示比例"滑动条中，可以控制线宽在当前图形中的显示，这个选择不影响对象的打印设置。

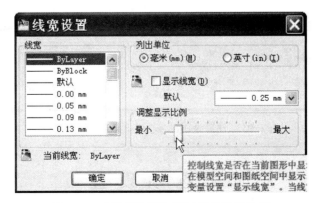

图 2-19 "线宽设置"窗口调节显示比例

2.3.3　单位设置

前面介绍了坐标的输入，输入的时候直接输入数值，对于单位的类型和精度，需要另外设置，尤其是当我们输入的参数不同于常规的规定时，例如角度的基准等。

点击菜单"格式"→"单位"，弹出"图形单位"对话框。在这个对话框里，可以根据绘图的需要设置单位长度、角度以及缩放插入对象的单位等，这里默认的角度设置是根据"上北下南、左西右东"的方位设置的，即 X 轴正方向为东，角度为 0，逆时针为角度正方向，如图 2-20 所示。我们也可以根据需要重新设置方向和角度。

图 2-20　"图形单位"和"方向控制"窗口的设置

2.3.4　图形界限设置

绘图区域窗口是无限大的，在所有的地方都可以进行绘图。但是利用"栅格"作草图绘制的时候，我们会发现栅格是有一定范围的。这个范围就是绘图区域的大小。一般系统默认是 3 号图纸的大小，我们也可以根据需要进行修改。

点击"格式"→"图形界限"，在命令窗口提示输入"左下角点"以及"右上角点"，如图 2-21 所示。在这个矩形区域内就是绘图区域大小。

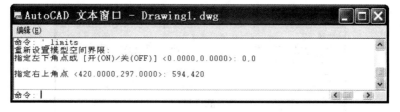

图 2-21　设置绘图区域大小的命令窗口显示

2.4　选 项 设 置

为了适应不同用户的使用习惯，系统提供了工具对其显示进行配置，比如文件搜索的路径、绘图区的颜色、显示光标大小等。这些设置集中在"选项"对话框上。

从下拉菜单"工具"→"选项",或在绘图区单击右键,在快捷菜单中选择"选项",或在命令行中键入"Options",都将调出"选项"对话框。

2.4.1 文件路径设置

软件安装好以后,系统默认给出了"支持文件的搜索路径"、"工作支持文件搜索路径"等等,如图 2-22 所示。我们在工作的过程中,可以根据需要自己添加或者删除里面的路径,以方便操作。但是,若有的文件路径删除了,在启动软件的时候找不到支持文件,有可能会加载失败。

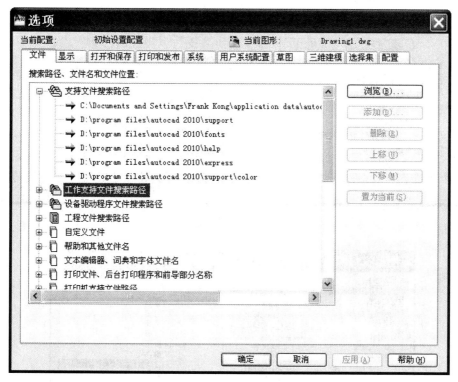

图 2-22 "文件"选项卡

2.4.2 显示设置

2.4.2.1 窗口元素

"显示"选项卡主要用来设置绘图环境特定的显示,如图 2-23 所示。左上角可以看出常见的"窗口元素",比如工具条、颜色设置、字体等。左下角是"布局元素"的设置。右上角是"显示精度"以及"显示性能"设置。右下角是"十字光标大小"以及"淡入度控制"设置。

当我们打开初始设置的文件时,窗口背景显示为黑色。根据个人的习惯,我们可以将背景颜色修改。由于长期看着屏幕以及灯光等缘故,推荐将此选项改为白色。单击"颜色"按钮,修改背景颜色如图 2-24 所示。

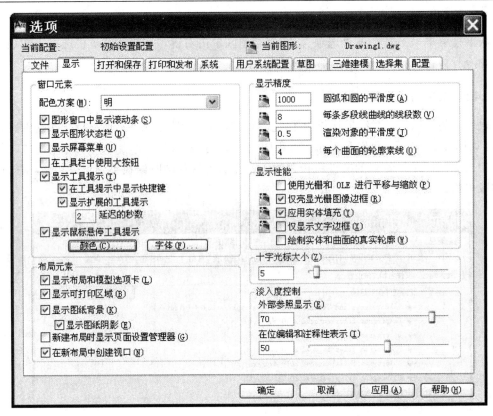

图 2-23　"显示"选项卡

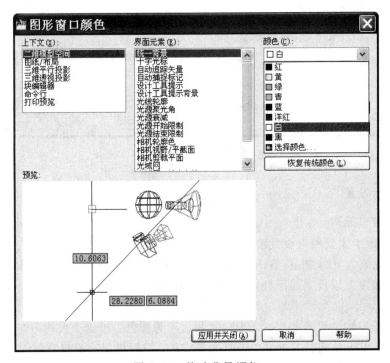

图 2-24　修改背景颜色

点击"字体"按钮，可以修改"命令行窗口文字"的字体和大小，如图 2-25 所示。

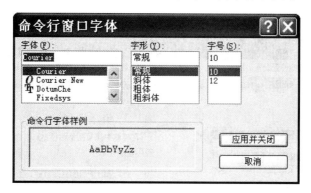

图 2-25　修改"命令行窗口文字"

2.4.2.2　显示精度

我们在绘图的时候，有时圆或者圆弧看上去像多边形，不够光滑，这是因为显示的平滑度不够。如图 2-26 所示。在 2000 版本以前，系统默认的圆弧和圆的平滑度是 200，所以很多时候，圆看上去并不圆。2010 版本系统默认的圆和圆弧的平滑度是 1000，我们可以根据需要修改里面的平滑度，最高可以达到 20000。

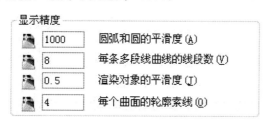

图 2-26　显示精度的设置

在三维绘图中，线框模型下的曲面是用轮廓素线来表示的。系统默认的轮廓素线是 4，也就是一个圆柱面用四条素线来表示。我们也可以根据需要修改轮廓素线，数字在 1 和 2047 之间。

2.4.2.3　十字光标大小

当我们没有进行绘图，也没有选择图形对象的时候，鼠标在绘图区显示的是十字光标。十字光标可以根据需要和个人习惯进行大小的设置，如图 2-27 所示。当十字光标调到最大时，在绘图区显示的十字光标是贯穿整个绘图区的水平和垂直直线。十字光标中间的小矩形称为靶框，靶框的大小在"草图"选项卡中设置。

图 2-27　十字光标大小的控制

2.4.3　文件打开与保存设置

点击"选项"对话框的"打开和保存"选项卡，里面对于文件在打开以及保存过程中相关的事项进行了设置，如图 2-28 所示。我们常用的是文件保存的类型以及保存的安全等。

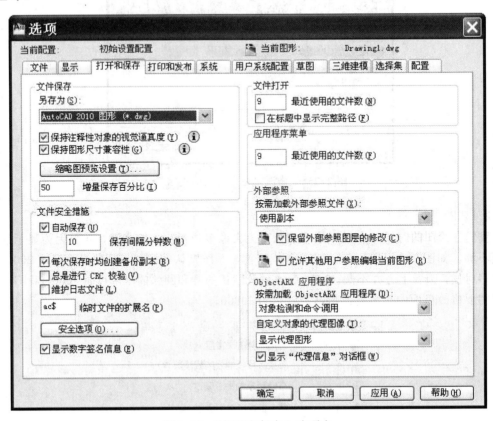

图 2-28 "打开和保存"选项卡

2.4.3.1 文件保存格式

前面介绍过保存文件的时候可以选择保存文件的类型。如果在一段时间内我们保存的文件的类型是相同的，就在"打开和保存"选项卡中设置保存类型，以后每次保存时，系统默认保存为我们设置的类型，如图 2-29 所示。尤其是当几个版本软件混用时，一定在高版本软件上设置保存为低版本软件也可以打开的格式。

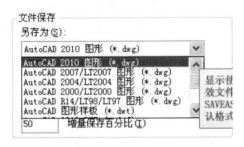

图 2-29 保存文件类型的设置

2.4.3.2 自动保存

由于操作系统或者硬件条件等原因，有时会出现不可预料的中断、死机等，给绘图工作带来损失，为了避免所做的工作丢失，可以设定自动保存。打开"选项"对话框，进入到"打开和保存"页面，找到"文件安全措施"中的"自动保存"，勾选，并将其设为合适的时间，这样每隔一段时间，系统就会自动保存一次，如图 2-30 所示。

图 2-30　自动保存设置

2.4.3.3　安全选项

为了防止文档被非法盗用，或者未经许可而改动，可以通过"密码"和"数字签名"等方法实现。

（1）密码：为文件加密，加密后需密码方能打开文件。在"选项"对话框的"打开和保存"页面，找到"文件安全措施"中的"安全选项"，打开"安全选项"对话框，如图 2-31 所示。也可以在"保存"文件时，通过"工具"中的"安全选项"进行加密。

图 2-31　为文件加密

（2）数字签名：数字签名无法伪造，使文件安全，文件一旦被修改，签名就无效。保证了发布文档后不被任何人修改。

用户必须拥有一个 ID 才能附加数字签名，可以通过认证授权获得数字 ID。

2.4.4　草图设置

自动捕捉标记的颜色和大小以及靶框的大小都是在"草图"选项卡中设置的，如图 2-32 所示。由于在绘图的时候，自动捕捉标记是精确绘图的起码保证，所以我们最好设置一个合适大小的自动捕捉标记，最明显的是自动捕捉标记的颜色，要和图线有个明显的对比。

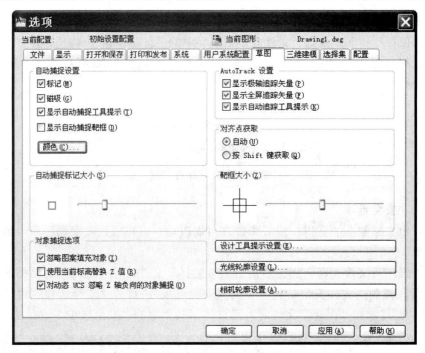

图 2-32 "草图"选项卡

2.4.5 选择集设置

拾取框以及夹点的设置在"选项"对话框的"选择集"选项卡中，如图 2-33 所示。

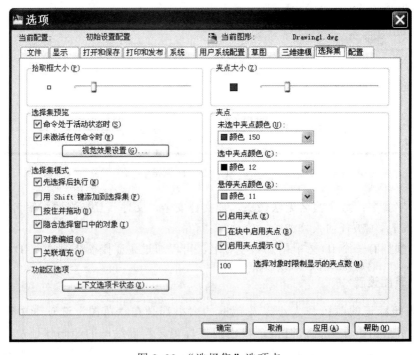

图 2-33 "选择集"选项卡

在命令中间选择对象的时候，出现的是拾取框。我们根据图线的疏密选择大小合适的拾取框。

有的初学者在学习 AutoCAD 的中间会出现选择的对象只能是一个，不可以选择多个图形对象的情况，这是因为在"选择集"选项卡中，"选择集模式"第二个选项 □用 Shift 键添加到选择集(F) 被选中了，如图 2-34 所示。我们把这个选项去除，就可以选择多个图形对象了。

夹点编辑是 AutoCAD 中编辑最快最方便的一种，所以夹点的设置也是比较重要的。在"选择集"选项卡中，我们不仅可以设置夹点的大小，还可以设置夹点的颜色。直接单击编辑对象后进入夹点编辑，图形上一些特殊位置点显示为蓝色方块，称为温夹点，再次点击这些温夹点，夹点变为红色方块，称为热夹点，热夹点可以进行编辑。夹点的设置如图 2-35 所示。

图 2-34 "选择集模式"中添加的选项　　图 2-35 夹点的设置.

3 视 窗 管 理

在实际工程设计过程中需要对所绘制的图形进行显示控制，掌握好它们的使用方法，将提高绘图的效率。AutoCAD 提供了许多显示控制命令，这些能够满足实际应用时的各种显示控制，使得我们在绘图和读图时非常方便。

3.1 重画和重生成图形

在绘制和编辑图形时，绘图区常会留下对象的选取标志，使图形画面显得混乱，这时可使用 AutoCAD 系统提供的"重画"和"重生成"功能来清除这些标记。

3.1.1 重画图形

使用重画命令，系统将会在显示内存中更新屏幕，可以清除临时标记，还可以更新当前窗口。

单击"视图"→"重画"命令，将执行"重画"（Redraw）命令；单击"视图"→"全部重画"命令将会执行 Redrawall 命令，可以同时更新多个窗口。

3.1.2 重生成图形

"重生成"命令可以重生成屏幕，它比"重画"命令慢。在 AutoCAD 中，某些操作只在使用"重生成"命令后才有效。如果一直用某个命令修改编辑图形，但该图形好像看上去变化不大，此时可以使用"重生成"命令更新屏幕显示。

单击"视图"→"重生成"命令，将更新当前窗口；单击"视图"→"全部重生成"命令将会执行 Regenall 命令，可以同时更新多个窗口。

3.2 视 图

3.2.1 缩放视图

在绘制图形时，常常需要对图形进行放大和缩小，以便于观察图形的整体大小，以及局部细节。在 AutoCAD 中，通过缩放视图功能，可以快速、准确、细致地绘制图形。需要特别说明的是，缩放视图不会改变图形中对象的绝对大小，只改变显示的比例。

图 3-1 所示为"缩放"工具条，图 3-2 是标准工具条中的缩放工具。使用这些工具可以非常方便地对图样进行缩放操作。还可以选择"视图"→"缩放"命令，弹出子菜单，如图 3-3 所示。

图 3-1 "缩放"工具条

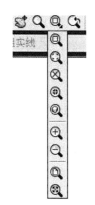

图 3-2 "标准"工具条上的"缩放"工具

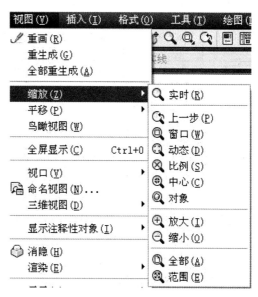

图 3-3 菜单得到"缩放"命令

此外还可以在命令行输入"Zoom"命令，调出缩放功能，其提示的各项功能与"视图" → "缩放"中的子命令功能相同。执行 Zoom 命令将提示如下：

命令: Zoom

指定窗口的角点，输入比例因子（nX 或 nXP），或者

全部(A)/中心(C)/动态(D)/范围(E)/前一个(P)/比例(S)/窗口(W)/对象（O）<实时>:

工具条中各种按钮的功能介绍如表 3-1 所示。

表 3-1 "缩放"命令

图 标	名 称	说 明
	窗口缩放	利用设定的两角点定义一个需要缩放的范围
	动态缩放	先将整个图形临时显示出，光标变为一个叉号加一个拾取框，叉号表示进行缩放部分的中心，拾取框则用来定义缩放的范围。使用该命令时，只要不按回车或鼠标右键，此命令不会终止
	比例缩放	利用比例进行缩放。提示"输入比例因子"时，可输入 KX 或 K（其中 K 为比例数值系数）。"KX"表示在输入的数值后跟一个 X，这时，K 大于 1 为放大显示图形，K 小于 1 为缩小显示图形。"K"表示直接输入缩放比例数值，后不加 X，这时，按设定的图幅尺寸来缩放显示图形
	中心缩放	"中心缩放"用于缩放图样并将其移动到视口的中心
	缩放对象	利用该命令，可以精确地放大所选择的对象，使之充满屏幕
	放大	选择该命令，系统将会使整个图形放大 1 倍，即缺省的比例因数为 2
	缩小	选择该命令，系统将会使整个图形缩小 1/2，即缺省的比例因数为 0.5
	全部缩放	全部缩放是按照"图形界限"（Limits），或以图形的范围（Extends）尺寸来显示图形的。该选项可使在当前视窗中观察到全图，即使有些超出"图形界限"

图　标	名　称	说　　明
🔍	范围缩放	将整个图形显示在屏幕上，使图形充满屏幕
🔍	实时缩放	可以点击"缩放"工具条中的图标🔍，也可直接单击右键在弹出菜单中选择"缩放"，光标变为放大镜和加减号。按住鼠标左键不放，自下向上拖动为放大，自上向下拖动为缩小
🔍	缩放上一个	每次执行缩放，都将保存起来，执行"缩放到上次"将上一次图形显示调出

3.2.2　平移视图

平移视图可以重新定位图形，以便看清图形的其他部分。此时，不会改变图形中对象的位置或比例，只改变视图。

3.2.2.1　实时平移

"实时平移"🖐可以在任何方向上移动观察图形。可以直接单击"实时平移"图标🖐，也可以选择"视图"→"平移"→"实时"命令实现实时平移图形。此时光标将会变成一只小手。也可以在鼠标空闲时单击右键，在快捷菜单中选择"实时平移"🖐。还可以直接按住鼠标滚轮进入实时平移，使用更方便。

3.2.2.2　定点平移

定点平移可以通过指定基点或位移来平移图形。选择"视图"→"平移"→"定点"命令实现定点平移图形。

现在，使用一个动作即可放弃或重做连续的缩放和平移操作，进一步改进了整个缩放和平移过程，可通过设置把它们看成单独的一个操作。这个可以通过"选项"对话框中的"用户系统配置"标签中设置。

单击"工具"→"选项"→"用户系统配置"选项卡，然后选择"缩放和平移"命令。这样，只需要一步就可以回到以前的视图，非常方便。

如果运行的是 Windows XP，平移和缩放不再被限制在屏幕边界之内。在平移或缩放期间，可以在监视器边界拖动光标继续平移或缩放。

3.2.3　鸟瞰视图

在大型图形中，可以在显示全部图形的窗口中快速平移和缩放。也可以使用"鸟瞰视图"窗口快速修改当前视口中的视图。在绘图时，如果"鸟瞰视图"窗口保持打开状态，则无需中断当前命令便可以直接进行缩放和平移操作。还可以指定新视图，而无需选择菜单选项或输入命令。

使用"视图框"进行平移和缩放操作，视图框在"鸟瞰视图"窗口内，是一个用于显示当前视口中视图边界的粗线矩形。可以通过在"鸟瞰视图"窗口中改变视图框来改变图形中的视图。要放大图形，请将视图框缩小。要缩小图形，请将视图框放大。单击左键可以执行所有平移和缩放操作。单击鼠标右键可以结束平移或缩放操作。

可以使用"鸟瞰视图"工具条按钮改变"鸟瞰视图"窗口中图像的放大比例，或以增量方式重新调整图像的大小。这些改变不会影响到绘图自身的视图。

"鸟瞰视图"窗口仅使用当前视口中的视图。"鸟瞰视图"图像将在修改图形和选择其他视口时更新。当绘制复杂图形时，关闭此动态更新功能可以提高程序性能。如果关闭此功能，仅在激活"鸟瞰视图"窗口时才更新"鸟瞰视图"图像。

3.3 视　　口

视口是显示模型的不同视图的区域。使用"模型"选项卡，可以将绘图区域拆分成一个或多个相邻的矩形视图，称为模型空间视口。在大型或复杂的图形中，显示不同的视图可以缩短在单一视图中缩放或平移的时间。而且，在一个视图中出现的错误可能会在其他视图中表现出来。如果在三维模型中工作，那么在单一视口中设置不同的坐标系非常有用。

在"模型"选项卡上创建的视口充满整个绘图区域并且相互之间不重叠。在一个视口中做出修改后，其他视口也会立即更新。

也可以在"布局"选项卡上创建视口。使用这些视口（称为布局视口）可以在图纸上排列图形的视图。也可以移动和调整布局视口的大小。通过使用布局视口，可以对显示进行更多控制；例如，可以冻结一个布局视口中的特定图层，而不影响其他视口。

使用模型空间视口，可以完成以下操作：

（1）平移、缩放、设置捕捉栅格和 UCS 图标模式以及恢复命名视图。

（2）用单独的视口保存用户坐标系方向。

（3）执行命令时，从一个视口绘制到另一个视口。

（4）为视口排列命名，以便在"模型"选项卡上重复使用或者将其插入布局选项卡。

3.3.1　视口命令的调用

在任意工具条上单击右键，在弹出的屏幕菜单上选择"视口"，调出"视口"工具条，如图 3-4 所示。或者点击菜单"视图"→"视口"，如图 3-5 所示。

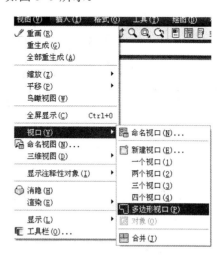

图 3-4　"视口"工具条

图 3-5　菜单调出"视口"命令

3.3.2　视口对话框

点击"视口"工具条上的"显示视口对话框"按钮，弹出"视口"对话框，如图 3-6

所示。根据看图的需要，我们可以将视口分为两个、三个或者四个，如图 3-7 所示。

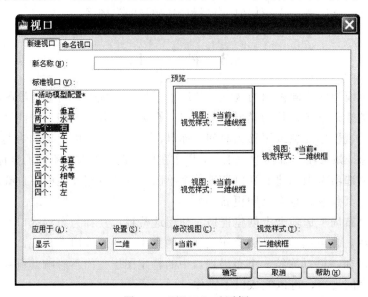

图 3-6 "视口"对话框

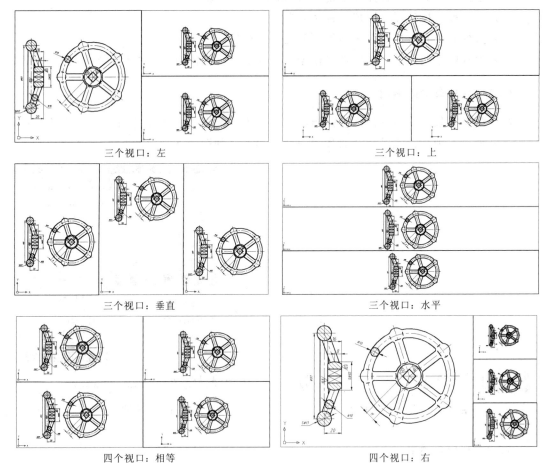

图 3-7 几个默认的模型空间标准视口配置

4 平面图形的绘制和编辑

绘制图形是设计的基础，本章主要讲述平面图形绘制和编辑的基本命令，以及如何绘制圆弧连接的平面图形，如何绘制一些简单零件的视图，如何提高绘图的技巧和速度。

4.1 平面图形绘制的基本命令

在屏幕上，界面默认设置状态下，绘图区域左边是绘图工具条，如图 4-1 所示。里面包含了绘制平面图形所用的基本命令。

图 4-1 绘图工具条

4.1.1 绘制点

点是最基本的几何元素，它的绘制非常简单。在 AutoCAD 中，系统提供了用点进行等分线段的功能，点对象有单点、多点、定数等分点和定距等分点四种，这使得点的作用大大拓展了。

4.1.1.1 直接绘制点（Point）

给定位置直接绘制点，绘制出的点很小，通常情况下看不到，因此要对点的大小、样式进行设置。点击菜单"格式"→"点样式"，打开点样式对话框，如图 4-2 所示，我们可以根据自己的需要进行选择。

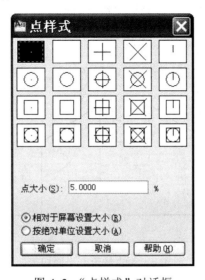

图 4-2 "点样式"对话框

4.1.1.2　等分点

直线定数等分问题是设计中经常遇到的，在 AutoCAD 中，通过"绘图"→"点"→"定数等分"完成直线段和曲线段的任意等分。

【例 4-1】 定数等分如图 4-3 所示的直线和多段线。

（1）点击菜单"格式"→"点样式"，弹出"点样式对话框"，选择第一行第四个样式 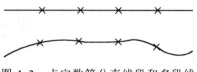，其余选项不动，点击"确定"关闭对话框；

图 4-3　点定数等分直线段和多段线

（2）点击菜单"绘图"→"点"→"定数等分"，选择要定数等分的对象——直线，输入线段数目或 [块(B)]：5；

（3）点击菜单"绘图"→"点"→"定数等分"，选择要定数等分的对象——多段线，输入线段数目或 [块(B)]：5，得到如图 4-3 所示的等分点。

4.1.2　绘制线

线的种类包括直线、射线、构造线、多段线和样条曲线，它们是绘制图形中出现最多的几何元素。

4.1.2.1　绘制直线（Line）

绘制一条直线时必须知道这条直线的两个端点坐标，或者是知道直线的一个端点以及方向和角度。点击"绘图"工具条中"直线"图标，或从下拉菜单"绘图"→"直线"，或在命令行中输入"Line"，都可以执行画直线命令。

在绘制直线时，回车、单击右键、点击其他工具图标或其他菜单项将结束直线的绘制，否则会一直处于绘制状态。处于绘图状态时可以通过键盘输入"U"来撤销刚刚输入的点，一直可以撤销到最初的第一点。

在绘制直线时，坐标给定点可以精确地定位，但是往往计算坐标很难，且很费时，所以很少用这种方法。除了使用给定坐标点的方法外还可以使用光标直接点击、捕捉点的方法，直接点击快捷键，但是不准确，只能作粗略画图用；最常用的、最精确的是利用捕捉的方法来给定点，使用"对象捕捉"来捕捉特定的点。

绘制直线时还应注意使用"对象追踪"、"极轴"来保证绘图的精确、快速。下面我们就使用这两个工具来进行绘图。

【例 4-2】 绘制如图 4-4 所示的图形。

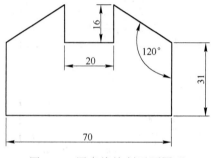

图 4-4　用直线绘制平面图形

（1）在状态栏的"极轴"按钮 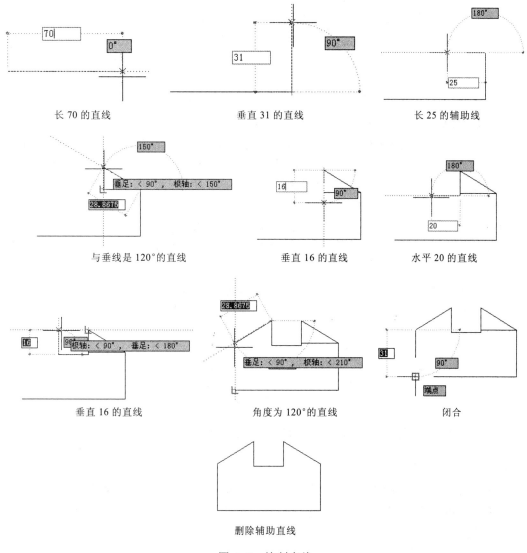 上单击右键，点击"设置"，将极轴的增量角设置为30°；

（2）点击"绘图"工具条上的"直线"按钮，在绘图区任意位置点击第一点；

（3）利用极轴和对象捕捉以及对象追踪，绘制直线段，如图4-5所示。

长 70 的直线　　　　　　　　垂直 31 的直线　　　　　　　　长 25 的辅助线

与垂线是 120°的直线　　　　　垂直 16 的直线　　　　　　　水平 20 的直线

垂直 16 的直线　　　　　　　角度为 120°的直线　　　　　　　闭合

删除辅助直线

图 4-5　绘制直线

4.1.2.2　绘制射线（Ray）

射线是指向一个方向无限延伸的直线，它和构造线都可用作创建其他对象的参照，它有起点但没有终点。

命令：_Ray 指定起点:20，20　　　　　　　　　　（指定第一点 P1）

指定通过点：40，40　　　　　　　　　　　　　　（指定第二点 P2）

指定通过点：

如果一直指定通过点，将一直绘制，直到单击鼠标右键或回车结束。

4.1.2.3 绘制构造线（XLine）

构造线是在屏幕上生成的向两端无限延长的射线，它没有起点和终点。点击"绘图"工具条中"构造线"图标，或从下拉菜单"绘图"→"构造线"，或在命令行中键入"XLine"，都可以执行构造线命令。

命令：_xline 指定点或 [水平(H)/垂直(V)/角度(A)/二等分(B)/偏移(O)]:

这六个选项可绘出不同的无限长的构造线。

◇ "指定点"：给出构造线上的一点，系统接着提示指定通过点，过两点画出一条无限长的直线。

◇ "水平(H)或垂直（V）"：画一系列平行于 X 轴或平行于 Y 轴的构造线。

◇ "角度(A)"：画一系列带有倾角的构造线。

◇ "平分线(B)"：用来对角进行平分，要求首先指定角的顶点，然后分别指定构成此角的两条边上两个点，从而画出通过该角顶点的无限长角平分线。

◇ "偏移(O)"：画平行于已知直线的构造线。

【例 4-3】 绘制如图 4-6 所示的角度的二等分线。

命令: _xline 指定点或 [水平(H)/垂直(V)/角度(A)/二等分(B)
/偏移(O)]: B　　　　　　　　　　　　（选择二等分选项）

指定角的顶点：　　　　　　　　　　　（指定顶点 O）

指定角的起点：　　　　　　　　　　　（指定角度起点 P2）

指定角的端点：　　　　　　　　　　　（指定角度端点 P1）

指定角的端点：　　　　　　　　　　　（取消，退出命令）

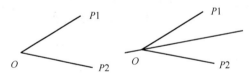

图 4-6　绘制等分角度的构造线

4.1.2.4 绘制多段线（PLine）

绘制由不同宽度、不同线型的直线或圆弧所组成的连续线段，如图 4-7 所示。

命令: _pline

指定起点:

当前线宽为 0.0000

指定下一个点或 [圆弧(A)/半宽(H)/长度(L)/放弃(U)/宽度(W)]:

这五个选项的意义：

◇ "圆弧(A)"，系统以绘制圆弧的方式提示：

角度(A)/圆心(CE)/方向(D)/半宽(H)/直线(L)/半径(R)/第二个点(S)/放弃(U)/宽度(W):

◇ "半宽(H)"，设置半线宽。

◇ "长度(L)"，给定所要绘制的直线长度。

◇ "放弃(U)"，取消最后一条线，可连续使用，实现由后向前的逐一取消。

◇"宽度(W)"，设置线宽，如粗实线的使用。

如果直接用鼠标点击用多段线绘制的图样，会发现整个图样都会被点中，称之为复杂图形对象；而用直线、圆等命令绘制的图样是简单图形对象。复杂图形对象通过"分解" 操作变为简单图形对象，如图4-8所示，变为简单图形对象时，原来设置的线宽将消失。

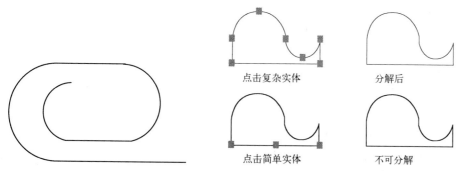

图4-7　多段线绘制　　　图4-8　多段线绘制的图样和其他绘图命令绘制的图样比较

4.1.2.5　绘制样条曲线（SPLine）

样条曲线是通过一系列给定点的光滑曲线，通常用来表示波浪线、折断线等。点击"绘图"工具条中"样条曲线"图标，或从下拉菜单"绘图"→"样条曲线"，或在命令行中键入"SPLine"，都执行画样条曲线命令。

【例4-4】　绘制如图4-9所示的样条曲线。

命令:_SPline

指定第一点或 [对象(O)]: 50，80　　　　　　　（输入指定第一点）

指定下一点:　　　　　　　　　　　　　　　　（输入指定第二点）

指定下一点或 [闭合(C)、拟合公差(F)]<起点切向>:　（输入直线第三点）

指定下一点或 [闭合(C)、拟合公差(F)]<起点切向>:　（输入直线第四点）

指定下一点或 [闭合(C)、拟合公差(F)]<起点切向>:　（输入直线第五点）

指定下一点或 [闭合(C)、拟合公差(F)]<起点切向>:　（按回车键）

指定起点切向:　　　　　　　　　　　　　　　（按回车键）

指定终点切向:　　　　　　　　　　　　　　　（按回车键）

图4-9　样条曲线的绘制

4.1.3　绘制圆

在图样中出现比较多的几何元素除了线之外就是圆弧类图线，比如圆、圆弧、圆环及椭圆等，这类图线绘制和我们使用传统圆规制图过程类似，首先要给定位置，比如圆心所在的位置，然后给定半径或直径，若是弧，还需要给定包角或起始、终止位置。

4.1.3.1 画圆（Circle）⊙

点击"绘图"工具条中画"圆"图标⊙，或从下拉菜单"绘图"→"圆"，或在命令行中键入"Circle"，都执行画圆命令。

命令: _circle

Circle 指定圆的圆心或 [三点(3P)/两点(2P)/相切、相切、半径(T)]:

各个选项分别提供了不同的画圆方法，如图 4-10 所示。

◇ "圆心"：已知圆心和半径（直径）画圆。

命令:_circle 指定圆的圆心或[三点(3P)/两点(2P)/相切、相切、半径(T)]:50，50

（输入圆心）

指定圆的半径或 [直径(D)]: 40   （输入半径）

这是最常用的画圆方式，也是和传统绘图习惯非常一致的。

命令:_circle 指定圆的圆心或[三点(3P)/两点(2P)/相切、相切、半径(T)]:50，50

（输入圆心）

指定圆的半径或 [直径(D)]: D   （输入直径选项）

Diameter:80   （输入直径）

◇ "三点(3P)"：已知三点画圆。

命令: _circle 指定圆的圆心或[三点(3P)/两点(2P)/相切、相切、半径(T)]:3P

（输入 3P 选项）

指定圆上的第一个点: （捕捉 *A* 点）

指定圆上的第二个点: （捕捉 *B* 点）

指定圆上的第三个点: （捕捉 *C* 点）

◇ "两点(2P)"：以给定的两个点为直径的两端点画圆。

命令: _circle 指定圆的圆心或[三点(3P)/两点(2P)/相切、相切、半径(T)]:2P

（输入 2P 选项）

指定圆直径的第一个端点: （捕捉 *A* 点）

指定圆直径的第二个端点: （捕捉 *B* 点）

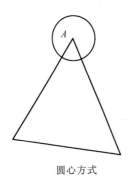

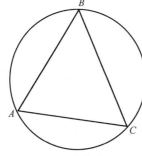

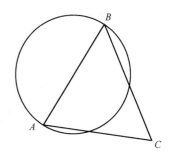

圆心方式   三点方式   两点方式

图 4-10 圆心、三点和两点方式绘制圆

◇ "相切、相切、半径(T)"：画已经存在的两个目标对象的公切圆，如图 4-11 所示。

命令:_circle 指定圆的圆心或[三点(3P)/两点(2P)/相切、相切、半径(T)]:T

             （输入 T 选项）

指定对象与圆的第一个切点: （选取第一个相切目标）

指定对象与圆的第二个切点: （选取第二个相切目标）

指定圆的半径 <49.15>:30   （输入公切圆的半径）

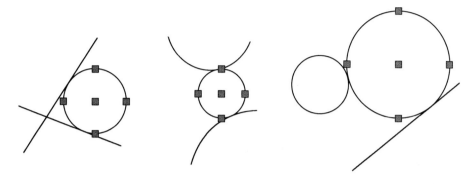

图 4-11 相切、相切、半径方式绘制圆

◇"相切、相切、相切":画已知的三个目标对象的公切圆,如图 4-12 所示。通过菜单"绘图"→"圆"→"相切、相切、相切"。

  指定圆上的第一个点: （选取第一个相切目标）

  指定圆上的第一个点: （选取第二个相切目标）

  指定圆上的第一个点: （选取第三个相切目标）

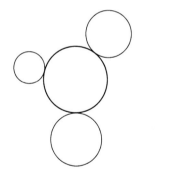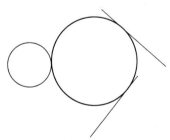

图 4-12 相切、相切、相切方式绘制圆

4.1.3.2 画圆弧（Arc）

系统提供了 11 种画圆弧的方法。点击"绘图"工具条中画"圆弧"图标,或从下拉菜单"绘图"→"圆弧",或在命令行中键入"Arc",都可以执行画圆弧命令。下面通过其中两种画圆弧方法来让大家了解圆弧的画法,如图 4-13 所示。

（1）已知起点、端点和角度画弧。

命令:_arc 指定圆弧的起点或 [圆心(C)]:30, 40 （输入圆弧起点 P1）

指定圆弧的端点:80, 10   （输入圆弧终点 P2）

指定圆弧的圆心或[角度(A)/方向(D)/半径(R)]:_a 指定包含角:45

（输入圆弧所对的圆心角）

（2）已知圆心、起心和端点画弧。

命令: _arc 指定圆弧的起点或 [圆心(C)]:80,90　　　（输入圆弧圆心 O）

指定圆弧的起点:40，60　　　　　　　　　　　　　　（输入圆弧起点 P1）

指定圆弧的端点或[角度(A)/弦长(L)]:120,70　　　　　（输入圆弧端点 P2）

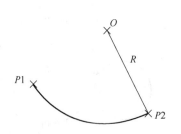
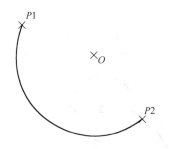

图 4-13　圆弧的两种画法

4.1.3.3　画圆环（Donut）

绘制圆环和填充圆。从下拉菜单"绘图"→"圆环"，或在命令行中键入"Donut"，都执行画圆环命令。如图 4-14 所示。

命令: _donut

指定圆环的内径<0.5000>: 10　　　　（输入圆环内径）

指定圆环的外径<0.0000>: 15　　　　（输入圆环外径）

指定圆环的中心点或 <退出>: 50,50　（输入圆环圆心 O）

指定圆环的中心点或 <退出>:

图 4-14　圆环画法

4.1.3.4　画椭圆（Ellipse）

点击"绘图"工具条中绘制"椭圆"图标，或从下拉菜单"绘图"→"椭圆"，或在命令行中键入"Ellipse"，都可以执行画椭圆命令。

命令: _ellipse

指定椭圆的轴端点或 [圆弧(A)/中心点(C)]:

其中三个选项分别代表三种绘制椭圆的方法，如图 4-15 所示。

◇ "轴端点"：通过长短轴端点绘制椭圆。

命令: _ellipse

指定椭圆的轴端点或 [圆弧(A)/中心点(C)]:P1　　　（给定长短轴端点 P1）

指定轴的另一个端点:P2　　　　　　　　　　　　　（给定长短轴端点 P2）

指定另一条半轴长度或 [旋转(R)]: 30　　　　　　　（给定另一半轴长度）

◇ "中心点(C)"。

命令: _ellipse

指定椭圆的轴端点或 [圆弧(A)/中心点(C)]:C　　　　（选择 C 方式）

指定椭圆的中心点:10，10　　　　　　　　　　　　（给定椭圆中心 O）

指定轴的端点:30，20　　　　　　　　　　　　　　（给定轴端点 P1）

指定另一条半轴长度或 [旋转(R)]:R　　　　　　　　（选择旋转项）

指定绕长轴旋转的角度：60 　　　　　　　　　　　　（输入旋转角度）

◇ "圆弧(A)"：这个选项主要用来绘制椭圆弧，它可以有多种方法绘制，下面介绍其中的一种。

命令：_ellipse

指定椭圆的轴端点或 [圆弧(A)/中心点(C)]:A 　　　　　（选择 A 方式）

指定椭圆的轴端点或 [圆弧(A)/中心点(C)]:P1 　　　　（给定长短轴端点 P1）

指定轴的另一个端点:P2 　　　　　　　　　　　　　　（给定长短轴端点 P2）

指定另一条半轴长度或 [旋转(R)]:60 　　　　　　　　（给定另一半轴长度）

指定起始角度或 [参数(P)]: 60 　　　　　　　　　　　（输入起始角度）

指定终止角度或 [参数(P)/包含角度(I)]: 150 　　　　　（输入起始角度）

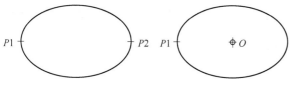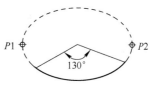

图 4-15　椭圆的几种绘制方法

4.1.4　绘制矩形和多边形

矩形也是多边形的一种，它们都是图形绘制中经常遇到的图形对象。正多边形在机械制图中是经常出现的，绘制过程非常麻烦，而且有些多边形很难绘制，现在我们可以很轻松将它们绘制出来。

4.1.4.1　绘制矩形（Rectangle）▭

Rectangle 命令可以绘出多种矩形。点击"绘图"工具条中"矩形"图标▭，或从下拉菜单"绘图"→"矩形"，或在命令行中键入"Rectangle"，都执行画矩形命令。

命令：_rectang

指定第一个角点或 [倒角(C)/标高(E)/圆角(F)/厚度(T)/宽度(W)]:

可用各选项画出不同的矩形或立体的线框图。

◇ "第一角点"：给定矩形的第一个角点。这是绘制矩形最常用的一种方式，只需给定矩形的两个对角点即可。

命令：_rectang

指定第一个角点或 [倒角(C)/标高(E)/圆角(F)/厚度(T)/宽度(W)]: 　　（捕捉第一角点）

指定另一个角点或 [面积(A)/尺寸(D)/旋转(R)]: @100,80 　　　　　（给出第二角点）

如果选择"面积（A）"，则利用面积方式画矩形，如图 4-16 所示。

输入以当前单位计算的矩形面积 <310.0000>: 　　　　　　　　　（给定总面积）

计算矩形标注时依据 [长度(L)/宽度(W)] <长度>: L 　　　　　　　（给定计算依据）

输入矩形长度 <30.0000>:

如果选择"尺寸（D）"，则利用长、宽画矩形，如图 4-17 所示。

指定矩形的长度 <30.0000>:32 　　　　　　　　　　　　　　　　（给定矩形长度）

指定矩形的宽度 <11.0487>:22 　　　　　　　　　　　　　　　　（给定矩形宽度）

指定另一个角点或 [面积(A)/尺寸(D)/旋转(R)]:R   （选择旋转）

指定旋转角度或 [拾取点(P)] <0>:32   （设定旋转角度）

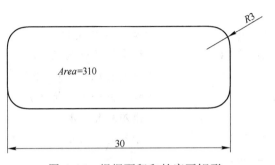

图 4-16 根据面积和长度画矩形

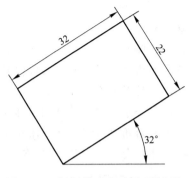

图 4-17 根据长度和宽度画矩形

◇ "倒角(C)"：画出带有倒角的矩形。

命令: _rectang

指定第一个角点或 [倒角(C)/标高(E)/圆角(F)/厚度(T)/宽度(W)]:C

指定矩形的第一个倒角距离 <0.0000>:3   （给出第一倒角距离）

指定矩形第二倒角距离<3.0000>:   （给出第二倒角距离）

指定第一个角点或 [倒角(C)/标高(E)/圆角(F)/厚度(T)/宽度(W)]:

下面即可画出带有倒角的矩形。

4.1.4.2 绘制多边形（Polygon） ⬠

绘制正多边形。点击"绘图"工具条中"多边形"图标 ⬠，或从下拉菜单"绘图"
→ "多边形"，或在命令行中键入"Polygon"，都执行绘制多边形命令，如图 4-18 所示。

命令: _polygon 输入边的数目 <4>:7   （边数用于设定多边形的边数）

指定正多边形的中心点或 [边(E)]:

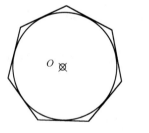
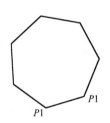

图 4-18 多边形的绘制

其中各选项含义如下：

◇ "指定正多边形的中心点"：用给定多边形的中心的方法绘制多边形，给定中心后
  会提示用内接还是外切来绘制。

命令: _polygon 输入边的数目 <4>:7   （设定多边形的边数为7）

指定正多边形的中心点或 [边(E)]:10, 10   （选定用给定中心的方法绘多边形）

输入选项 [内接于圆(I)/外切于圆(C)] <I>:C   （选定用外切方法绘多边形）

指定圆的半径:20

◇ "边(E)"：通过指定边长来绘制多边形

命令: _polygon 输入边的数目 <4>:7　　　　　　（设定多边形的边数为 7）

指定正多边形的中心点或 [边(E)]:E　　　　　　（选定用边长的方法绘多边形）

指定边的第一个端点:　　　　　　　　　　　　　（给定边的第一个端点 P1）

指定边的第二个端点:　　　　　　　　　　　　　（给定边的第二个端点 P2）

4.2　平面图形编辑的基本命令

AutoCAD 提供的图形编辑命令一般包括：删除、复制、偏移、阵列、移动、旋转、缩放、拉伸、修剪、延伸、打断、合并、倒角、圆角、分解、参数修改等操作。

编辑修改命令比较多，这些命令调入的方法有：单击"修改"工具条中的命令选项，如图 4-19 所示；选择下拉菜单"修改"中的菜单项；也可以直接在命令行中输入命令。

图 4-19　"修改"工具条

4.2.1　命令的中断、回退

在绘图过程中经常需要对前面所做的操作撤销，或者中断正在执行的命令。

4.2.1.1　放弃（Undo）

放弃上次的命令操作。点击"标准"工具条中"放弃"图标 ；或在鼠标空闲时在绘图区域中单击右键，在弹出的快捷菜单中选择"放弃"，如图 4-20 所示；或从下拉菜单"编辑"→"放弃"；或在命令行中键入"U"，或"Ctrl+Z"，都执行放弃命令。

需要注意的是在命令行中键入"U"命令不同于"Undo"命令，"U"命令仅是"Undo"命令使用的一种形式，它没有选项，且执行一次只能放弃命令序列中的一个，而"Undo"命令不是这样的。

4.2.1.2　重做（Redo）

放弃上次放弃的命令。点击"标准"工具条中"重做"图标 ；或在鼠标空闲时在绘图区域单击右键，在弹出的快捷菜单中选择"重做"；或从下拉菜单"编辑"→"重做"。

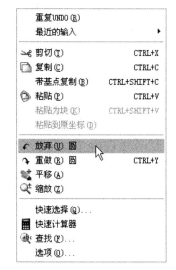

图 4-20　快捷菜单进行放弃和重做

Redo 可恢复单个 Undo 或 U 命令放弃的效果。Redo 必须立即跟随在 U 或 Undo 命令之后才有效。

"放弃"和"重做"命令的功能可以一次放弃或重做多个操作。在"标准"工具条上，单击"Undo"或"Redo"列表箭头以选择要放弃或重做的操作。

4.2.1.3 中断操作

在执行命令或进行其他操作时，有时需要强制中断，比如正在使用多边形命令，但发现不需要绘制多边形，这时需要中断它；再比如正在设置尺寸标注样式，需要中断它。中断操作可以按键盘的"Esc"键，它可以中断正在执行的任何操作，是我们最常用的中断操作。对于操作中的命令执行、菜单调用也可以通过点击其他工具图标或菜单的办法中断。

4.2.2 删除命令（Erase）

删除命令（Erase）用来删除指定的图形对象。点击"修改"工具条中"删除"图标；或从下拉菜单"修改"→"删除"；或在命令行中键入"Erase"，都执行删除命令。也可以直接选择对象，然后按键盘"Delete"键。

4.2.3 移动、旋转、镜像、缩放

4.2.3.1 移动命令（Move）

移动命令是最基本的编辑命令，其基本的功能是将一个或多个图形对象平移到新的位置上。Move 命令只能在同一个 DWG 文件内移动对象。

A 移动对象的步骤

要移动对象，首先需要知道移动哪个对象，这个对象原来在哪里，移动到哪里，所以完成移动操作需要三个步骤，选择对象→基点（原来位置）→位移至（新位置）。要精确地移动对象，可结合使用坐标、夹点、栅格捕捉模式和对象捕捉模式。

【例 4-5】 如图 4-21 所示，将一个图形对象圆从圆心 O_1 移动到第二点 O_2。

选择对象后，当系统提示"指定基点"时，通过对象捕捉可以方便地捕捉圆心 O_1，同样地当系统提示"指定位移的第二点"时，可以快速地捕捉到点 O_2，移动后如图 4-21b 所示。

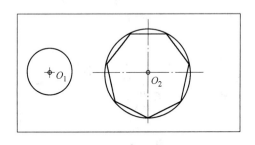 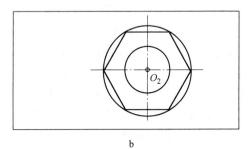

a   b

图 4-21 移动对象到新的位置

a—移动前；b—移动后

移动对象的另一种快捷方法是直接选择需要移动的对象，按住鼠标右键拖动，拖放到某个位置释放，弹出菜单，如图 4-22 所示，选择"移动到此处"，对象的位置发生了改变，但方向和大小不改变。

B 通过"位移（D）"选项移动对象

如果在选择对象后不是给定基点而是选择"位移（D）"选项，系统将出现提示"指定位移 <0.0000, 0.0000, 0.0000>:"，这时要求给定位移坐标作为图形移动量，特别注意的

是，由于位移一词已经隐含了对象相对距离的意思，因此不必使用@，给定的坐标将是以前面给定的基点作为原点的相对坐标，比如直接给定（20，50），实际上是相对坐标（@20，50）的含义。

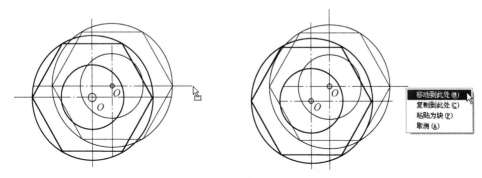

图 4-22 快捷方式移动对象

【例 4-6】 在 AutoCAD 中，将如图 4-23a 所示的圆给定位移（-40，40），则现在的圆心位置是多少？

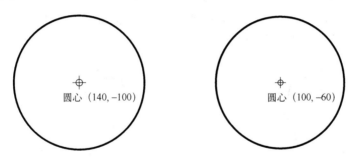

图 4-23 将圆给定位移

a—已知的圆（移动前）；b—移动后的圆

（1）点击菜单"修改"→"移动"；

（2）按照以下方法进行操作：

命令：_move

选择对象：指定对角点：找到 1 个 （选择该圆）

选择对象： （按 Enter 键回车）

指定基点或 [位移(D)] <位移>： d （选择"位移"选项）

指定位移 <0.0000, 0.0000, 0.0000>： -40,40 （输入给定的位移后回车）

（3）进行位移后的效果如图 4-23b 所示。

4.2.3.2 旋转命令（Rotate） ⟳

旋转命令可以将选择的图形对象按给定的基点和转角进行旋转变换。

A 指定绝对角度旋转

指定绝对角度旋转将对象从当前角度旋转到新的绝对角度。选择对象并指定旋转的基点后，系统提示"指定旋转角度，或 [复制(C)/参照(R)]："，直接输入旋转角度即为绝对角度，它是指从基点沿 X 轴方向画一条直线，此方向为 0°，逆时针为正，顺时针为负，保持对象与这条直线的相对位置不变，让直线绕基点旋转，刚好旋转到指定的绝对角度位置就是需要的旋转结果。如图 4-24 所示，将图 a 中的孔以圆心 O 为基点旋转了 60°。

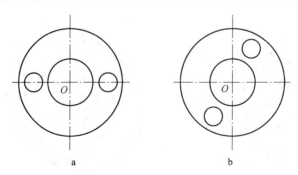

图 4-24　对图中的圆孔旋转

a—旋转前；b—旋转后

B　旋转并复制对象

如果在选择对象并指定基点后，不指定旋转角度，而是选择"复制(C)"选项，可以在旋转对象的同时创建对象的复制。如图 4-25 所示，将图 a 中零件以圆心 O 为基点，旋转 60° 并复制源对象，结果如图 b 所示。

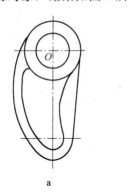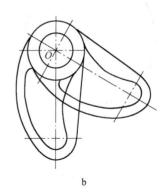

图 4-25　旋转并复制图形对象

a—旋转前；b—旋转后

4.2.3.3　镜像命令（Mirror）

镜像可以按指定的对称线对所选图形对象进行对称（镜像）变换（复制）。该编辑命令非常有用，许多图形都有对称的部分，可以先创建二分之一或四分之一的图形，然后将所绘图形进行镜像处理来完成整个图形的绘制。

A　定义镜像线创建对象的镜像

Mirror 命令可以用两点定义的镜像线来创建对象的镜像，这是一条假设虚线，它的长度多少并不重要，重要的是起始点和线的方向。镜像线大多数是正交的，因此，当指定第一点时，打开正交功能，在第二点方向上移动鼠标，然后在屏幕的任何位置拾取第二点即可。

Mirror 命令可以删除或保留源对象，源对象指的是选择用作镜像的对象。如图 4-26

所示，图 a 中图形是部件的一部分，图形对象经过两次镜像，同时选择保留源对象，得到图 b 所示的图形即为完整的部件，可见使用镜像编辑功能可以快速地绘制对称图形。

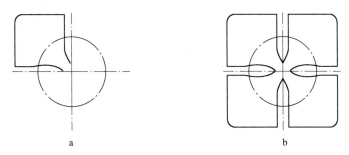

图 4-26 镜像复制对象

a—镜像前；b—镜像后

B 创建文字和属性文字的镜像

创建文字和属性文字的镜像时，仍然按照轴对称规则进行，结果文字被反转或倒置。这种情况在实际工作中通常要避免。要防止镜像文字被反转或倒置，可将系统变量 Mirrtext 设置为 0。如果 Mirrtext 系统变量设置为 1，镜像出来的文字被反转或倒置变得不可读，如图 4-27 所示。

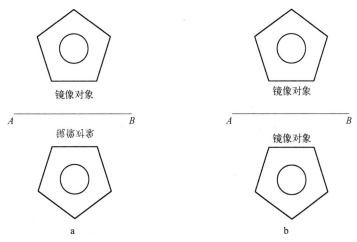

图 4-27 系统变量 Mirrtext 影响文字镜像

a—Mirrtext 为 1 时；b—Mirrtext 为 0 时

系统变量 Mirrtext 只影响用 Text 或 Mtext 命令创建的文字和 Attdef 命令创建的属性文字。插入块内的 Text 或 Mtext 文字是作为块的一部分而整体生成镜像的，不管系统变量 Mirrtext 的设置如何，这些文字都被倒置。

4.2.3.4 缩放命令（Scale）

缩放或者说改变图形对象的大小是 AutoCAD 中另一常用编辑任务。通过"比例缩放"（Scale）命令可以将选择的图形对象按给定比例进行缩放变换，它是对图形对象真正的缩放，修改其大小，而"缩放"（Zoom）只是对图形对象的显示大小进行缩放，不修改图形对象的真实大小。

A 通过指定比例因子缩放对象

缩放对象最常用的方法是指定比例因子。当前对象的比例因子为 1，因此，要放大对象就应输入大于 1 的值，而要缩小对象则要输入大于 0 而小于 1 的值。如图 4-28 所示，要将图 a 中的图形以点 O 为基点缩小到原来的一半，选中所有图形，并指定基点 O，在系统提示"指定比例因子或 [复制(C)/参照(R)]:"时，输入"0.5"，按 Enter 键即可得到如图 b 所示的图形。

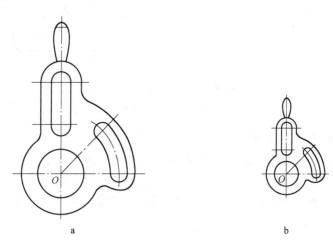

图 4-28   指定比例因子缩放对象

a—缩放前；b—缩放后

B 缩放并复制对象

与旋转命令类似，通过"缩放"（Scale）命令的"复制(C)"选项，可以在缩放对象的同时创建对象的复制。如图 4-29 所示，图中矩形分别以左下角点 A，底边中点 B 和矩形中心点 O 为基点进行两次比例缩放，每次缩放比例因子为 0.8，同时复制源对象。

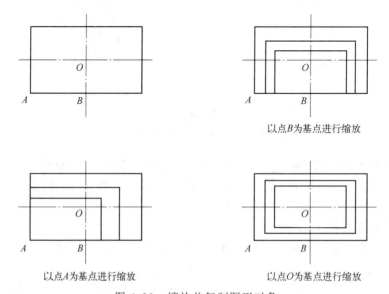

图 4-29   缩放并复制图形对象

4.2.4 复制

复制图形对象是 AutoCAD 中最基本的操作，可以在当前图形内复制单个或多个对象，也可以在不同的图形之间复制对象。

4.2.4.1 使用复制命令（Copy）在图形内复制对象

使用复制命令（Copy） ，可以将选定的图形对象做一次或多次复制，其大小、方向不变，原图保留。使用坐标、栅格捕捉、对象捕捉和其他工具可以精确地复制对象。Copy 命令与 Move 命令类似，唯一的区别是 Copy 命令不删除原位置的对象。

Copy 命令只能在同一个 DWG 图形内复制对象，而不能将一个 DWG 图形内的对象复制到另一个 DWG 图形。

复制对象的另一种快捷方法是直接选择需要复制的对象，按住鼠标右键拖动，拖放到某个位置释放，弹出菜单，如图 4-30 所示，选择"复制到此处"。

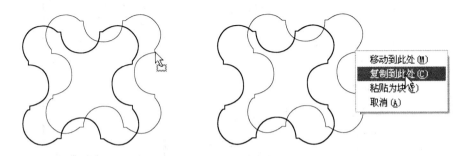

图 4-30 快捷方式复制对象

4.2.4.2 用剪贴板复制对象

当要把一个 DWG 图形文件中的某些对象应用到另一个 DWG 图形文件中，或者把 DWG 图形文件中的某些对象应用到其他应用程序中，可以先将这些对象剪切或复制到剪贴板，然后将它们从剪贴板粘贴到指定地方。使用剪贴板即可以在同一图形内复制对象，也可以在不同的 DWG 图形文件之间复制对象，还可以在 AutoCAD 与不同的应用程序之间复制对象。

使用剪贴板复制对象的步骤是：直接选择对象，然后"Ctrl+C"将对象放到剪贴板中，接着"Ctrl+V"将对象粘贴到某处。

4.2.5 阵列、偏移

4.2.5.1 阵列命令（Array）

使用阵列命令可以按一定规则由一个对象生成多个对象，阵列图形对象可以创建矩形或环形（圆形）的图形副本，从而提高绘图的速度。

A 矩形阵列

矩形阵列，通过控制行和列的数目以及它们之间的距离来复制对象，相当于多次复制一个对象，生成的多个相同的图形按矩形的形式排列，尤其是多行多列对象。

如图 4-31a 所示的图形，用 2 行 3 列矩形阵列结果如图 4-31b 所示，其对话框如图 4-32 所示。行间距和列间距的正负决定了朝哪个方向阵列，沿 X、Y 正向为正，否则为负。阵列角度为正值则沿逆时针方向阵列复制对象，负值则相反。

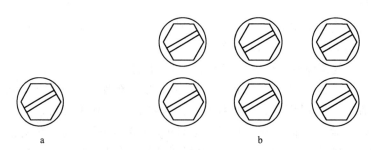

图 4-31 矩形阵列

a—阵列的对象；b—阵列的结果

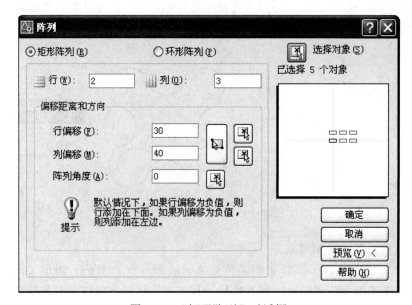

图 4-32 "矩形阵列"对话框

B 环形阵列

环形阵列，可以控制对象副本的数目并决定是否旋转副本。如图 4-33a 所示的图形，用环形阵列结果如图 4-33b 所示，其对话框如图 4-34 所示。阵列按逆时针或顺时针方向绘制，这取决于设置填充角度时输入的是正值还是负值。

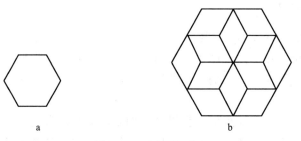

图 4-33 环形阵列

a—阵列的对象；b—阵列的结果

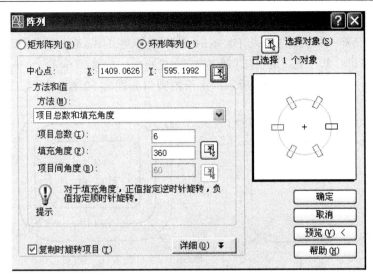

图 4-34 "环形阵列"对话框

4.2.5.2 偏移命令（Offset）

偏移命令在绘图时应用频率非常高，它可以快速地实现定距离复制，比如根据尺寸知道距离，或者不知道距离，但要求通过某个确定位置。

结合后面的修剪、圆角等工具可以快速、精确地绘图。偏移命令可以在不退出命令时多次进行偏移操作。偏移距离，可输入一个偏移距离，来确定下面复制时对象移动的距离。也可以在屏幕上捕捉两点，得到两点之间的距离作为偏移距离。

命令：_offset
当前设置：删除源=否　图层=源　OFFSETGAPTYPE=0
指定偏移距离或 [通过(T)/删除(E)/图层(L)] <通过>：　　（设定偏移的距离）
选择要偏移的对象，或 [退出(E)/放弃(U)] <退出>：　　（选择需偏移的图形对象）
指定要偏移的那一侧上的点，或 [退出(E)/多个(M)/放弃(U)] <退出>：

（在偏移一侧点击）

使用该命令时要注意，偏移命令是一个单对象编辑命令，只能以直接选取方式选择对象。若通过指定偏移距离的方式来复制对象，距离值必须大于 0。

【例 4-7】 将如图 4-35a 所示的矩形分别向内和向外偏移 20，则新矩形的圆角半径分别是多少？

（1）"修改"→"偏移"菜单命令。

（2）按照以下方法进行操作：

命令：_offset
当前设置：删除源=否　图层=源　OFFSETGAPTYPE=0
指定偏移距离或 [通过(T)/删除(E)/图层(L)] <20.0000>：（输入偏移距离 20）
选择要偏移的对象，或 [退出(E)/放弃(U)] <退出>：　　（选择要偏移的矩形）
指定要偏移的那一侧上的点，或 [退出(E)/多个(M)/放弃(U)] <退出>：

（在矩形外点击）

选择要偏移的对象，或 [退出(E)/放弃(U)] <退出>:   （选择要偏移的矩形）
指定要偏移的那一侧上的点，或 [退出(E)/多个(M)/放弃(U)] <退出>: （在矩形内点击）
选择要偏移的对象，或 [退出(E)/放弃(U)] <退出>:   （回车）

（3）偏移后的结果如图 4-35b 所示，矩形的圆角分别为 50 和 10。

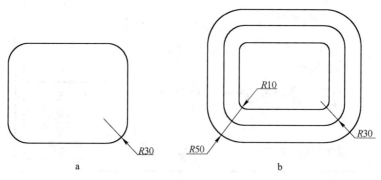

图 4-35 偏移

a—要偏移的矩形；b—偏移的结果

4.2.6 修剪、延伸

修剪与延伸命令在绘制图形过程中经常使用，可以非常灵活地编辑图形，它们都是以一个图形对象（直线、圆弧等）为边界，来除去或是延伸另外一个对象（例如直线、圆弧等），使这两个对象相交。可以通过缩短或拉长，使对象与其他对象的边相接。这意味着可以先创建对象，然后调整该对象，使其恰好位于其他对象之间。选择的剪切边或边界边无需与修剪对象相交。可以将对象修剪或延伸至投影边或延长线交点，即对象延长后相交的地方。如果未指定边界并在选择对象提示下回车，则所有显示的对象都成为潜在边界。

4.2.6.1 修剪命令（Trim）

修剪命令是在图形绘制过程中使用频率非常高的工具，可以非常灵活地擦除多余图线。可以使修剪对象精确地终止于由其他对象定义的边界。对象既可以作为剪切边，也可以是被修剪的对象，如图 4-36 所示。

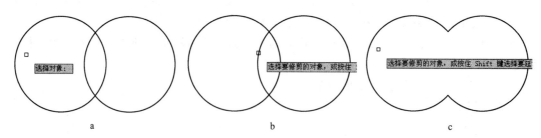

图 4-36 对象可以为修剪边界与被修剪对象

a—选择的修剪边界；b—选择被修剪的对象；c—修剪的结果

4.2.6.2 延伸命令（Extend）

延伸命令是将图形对象进行延伸到指定边界。如图 4-37 所示，将图中的圆弧延伸至直线，注意在选择延伸对象的时候，鼠标选择点应该选择在接近直线的圆弧上。

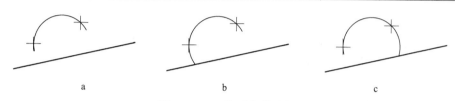

图 4-37 延伸对象的选择

a—要延伸的图形；b—延伸对象选择左边的点；c—延伸对象选择右边的点

无需退出（Extend）命令，按住 Shift 键并选择要修剪的对象就可以完成修剪操作。

4.2.7 打断、分解、测量

打断和分解命令都可以很快地将一个对象分为两个或是多个，在编辑图形中使用很频繁，用起来也很方便。

4.2.7.1 打断命令（Break）🔲和打断于一点命令（Break）🔲

打断命令🔲和打断于一点命令🔲可以将选定的图形对象部分断开或将其截断成两个图形对象，打断命令的对象之间可以具有间隙，也可以没有间隙。要打断对象而不创建间隙，在相同的位置指定两个打断点。完成此操作的最快方法是在提示输入第二点时输入"（@0,0）"，这个操作与打断于一点命令的结果相同。打断命令可以在大多数几何对象上创建打断，但不包括以下对象：块、标注、多线、面域。

4.2.7.2 分解命令（Explode）📦

分解命令是将复杂实体（多段线、多边形、剖面线、尺寸、块等）分解成简单实体对象（直线、圆、圆弧、文本等）。任何分解对象的颜色、线型和线宽都可能会改变。其结果根据分解的合成对象类型的不同会有所不同，如表 4-1 所示。

表 4-1 分解对象与分解的结果

分解对象	分 解 结 果
二维多段线	放弃所有关联的宽度或切线信息。对于宽多段线，将沿多段线中心放置结果直线和圆弧
三维多段线	分解成线段。为三维多段线指定的线型将应用到每一个得到的线段
三维实体	将平面表面分解成面域。将非平面表面分解成体
圆 弧	如果位于非一致比例的块内，则分解为椭圆弧
块	一次删除一个编组级。如果一个块包含一个多段线或嵌套块，那么对该块的分解就首先显露出该多段线或嵌套块，然后再分别分解该块中的各个对象。分解一个包含属性的块将删除属性值并重新显示属性定义
体	分解成一个单一表面的体（非平面表面）、面域或曲线
圆	如果位于非一致比例的块内，则分解为椭圆
引 线	根据引线的不同，可分解成直线、样条曲线、实体（箭头）、块插入（箭头、注释块）、多行文字或公差对象
多行文字	分解成文字对象
多 线	分解成直线和圆弧
多面网格	单顶点网格分解成点对象；双顶点网格分解成直线；三顶点网格分解成三维面
面 域	分解成直线、圆弧或样条曲线

4.2.7.3 测量

对于已经存在的图形对象，我们可以通过测量和查询的方法来指导它们的信息，例如我们可以用标注的方式测量直线的长度、圆或是圆弧的半径、角度等；我们可以通过查询的方式知道平面图形的周长、面积等。

（1）利用标注的方式测量。

【例 4-8】 如图 4-38 所示的五边形的边长和角度为多少？

命令：_dimaligned

指定第一条延伸线原点或 <选择对象>：

指定第二条延伸线原点：

指定尺寸线位置或

[多行文字(M)/文字(T)/角度(A)]：

标注文字 = 15.87

命令：_dimdiameter

选择圆弧或圆：

标注文字 = 27

指定尺寸线位置或 [多行文字(M)/文字(T)/角度(A)]：

命令：_dimangular

选择圆弧、圆、直线或 <指定顶点>：

选择第二条直线：

指定标注弧线位置或 [多行文字(M)/文字(T)/角度(A)/象限点(Q)]：

标注文字 = 36

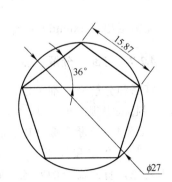

图 4-38   测量五边形的边长与角度

（2）利用面域和距离查询、面积查询等命令。

【例 4-9】 如图 4-39 所示的五角星的边长和面积为多少？

命令：_region   （生成面域）

选择对象：指定对角点：找到 10 个   （用窗选的方式全部选择这个五角星）

选择对象：   （回车）

已提取 1 个环。

已创建 1 个面域。

命令：'_dist 指定第一点：指定第二点：   （五角星任意一条边的两个端点）

距离 = 14.5309，XY 平面中的倾角 = 180，与 XY 平面的夹角 = 0

X 增量 = -14.5309，   Y 增量 = 0.0000，Z 增量 = 0.0000

命令：_area   （查询面积）

指定第一个角点或 [对象(O)/加(A)/减(S)]: o （选择 "对象" 选项）

选择对象：   （选择五角星面域）

面积 = 449.0280，周长 = 145.3085

（3）利用 Measuregeom 命令查询。

Measuregeom 命令是 AutoCAD 2010 版本的新功能，用来测量和查询有关选定对象的几何信息，而无需使用多个命令。Measuregeom 提供了用于测量距离、半径、角度、面积和体积的选项。

下面我们利用 Measuregeom 命令测量图 4-39 的边长和面积。

命令：MEASUREGEOM

输入选项 [距离(D)/半径(R)/角度(A)/面积(AR)/体积(V)] <距离>:

指定第一点：

指定第二个点或 [多个点(M)]:

距离 = 14.5309，XY 平面中的倾角 = 180，与 XY 平面的夹角 = 0

X 增量 = −14.5309，　Y 增量 = 0.0000，　　Z 增量 = 0.0000

输入选项 [距离(D)/半径(R)/角度(A)/面积(AR)/体积(V)/退出(X)] <距离>: ar

指定第一个角点或 [对象(O)/增加面积(A)/减少面积(S)/退出(X)] <对象(O)>:

指定下一个点或 [圆弧(A)/长度(L)/放弃(U)]:

指定下一个点或 [圆弧(A)/长度(L)/放弃(U)]:

指定下一个点或 [圆弧(A)/长度(L)/放弃(U)/总计(T)] <总计>:

指定下一个点或 [圆弧(A)/长度(L)/放弃(U)/总计(T)] <总计>:

指定下一个点或 [圆弧(A)/长度(L)/放弃(U)/总计(T)] <总计>:

指定下一个点或 [圆弧(A)/长度(L)/放弃(U)/总计(T)] <总计>:

指定下一个点或 [圆弧(A)/长度(L)/放弃(U)/总计(T)] <总计>:

指定下一个点或 [圆弧(A)/长度(L)/放弃(U)/总计(T)] <总计>:

指定下一个点或 [圆弧(A)/长度(L)/放弃(U)/总计(T)] <总计>:

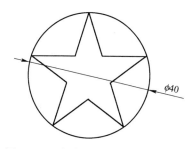

指定下一个点或 [圆弧(A)/长度(L)/放弃(U)/总计(T)] <总计>:

指定下一个点或 [圆弧(A)/长度(L)/放弃(U)/总计(T)] <总计>:

面积 = 449.0280，周长 = 145.3085

指定第一个角点或 [对象(O)/增加面积(A)/减少面积(S)/退出(X)] <对象(O)>: *取消*

图 4-39 查询五角星的边长与面积

4.2.8 圆角和倒角

4.2.8.1 圆角命令（Fillet）

圆角命令是用已知半径的圆弧对选定的两个图形对象圆角。圆角的对象可以是圆弧、圆、椭圆和椭圆弧、直线、多段线、射线、样条曲线、构造线、三维实体。圆角使用单个命令便可以为多段线的所有角点加圆角，如图 4-40 所示，选择对象时，选择"多段线(P)"选项，然后选择多段线，一次将所有角点进行圆角。

命令：_fillet

当前设置：模式 = 修剪，半径 = 5.0000

选择第一个对象或 [放弃(U)/多段线(P)/半径(R)/修剪(T)/多个(M)]: p

选择二维多段线：

5 条直线已被圆角

圆角半径是连接被圆角对象的圆弧半径。修改圆角半径将影响后续的圆角操作。如果设置圆角半径为 0，则被圆角的对象将被修剪或延伸直到它们相交，并不创建圆弧。

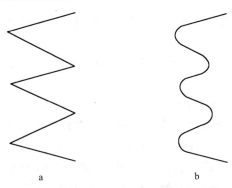

图 4-40　多段线圆角

a—圆角前；b—圆角后

如果被圆角的两个对象都在同一图层，则圆角线将位于该图层。否则，圆角线将位于当前图层上，此图层影响对象的特性（包括颜色和线型）。

圆角命令的另外一个用途就是作为修剪工具使用非常方便，它往往和修剪配合使用来对绘制的底稿草图进行快速处理，用圆角快速地对图线进行了修剪（R 为 0，且修剪（T）设为修剪），再用修剪工具整理圆角不适合修剪的图线，如图 4-41 所示。

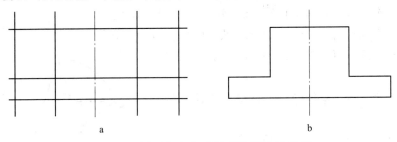

图 4-41　用圆角命令对图形进行快速修剪

a—圆角的图形；b—用圆角进行修剪

4.2.8.2　倒角命令（Chamfer）

倒角命令对两条相交线（或延伸相交）做倒角。倒角使用成角的直线连接两个对象。它通常用于表示角点上的倒角边。倒角的对象可以是直线、多段线、射线、构造线、三维实体。与圆角命令一样，倒角也能使用单个命令为多段线的所有角点加倒角。对两条平行的直线倒角是命令行将提示"直线平行"，然后退出命令。

如果要被倒角的两个对象都在同一图层，则倒角线将位于该图层。否则，倒角线将位于当前图层上。此图层影响对象的特性（包括颜色和线型）。使用"多个"选项可以为多组对象倒角而无需结束命令。

倒角距离是每个对象与倒角线相接或与其他对象相交而进行修剪或延伸的长度。如果两个倒角距离都为 0，则倒角操作将修剪或延伸这两个对象直至它们相交，但不创建倒角线。

4.2.9　多段线编辑

多段线是作为单个对象创建的相互连接的序列线段。可以创建直线段、弧线段或两者的组合线段。多段线提供单个直线所不具备的编辑功能。例如，可以调整多段线的宽度和曲率。创建多段线之后，可以使用"编辑多段线"命令（Pedit）对其进行编辑，或者使用"分解"命令（Explode）将其转换成单独的直线段和弧线段。可以使用"样条曲线"命令（Spline）将样条拟合多段线转换为真正的样条曲线，使用闭合多段线创建多边形，从重叠对象的边界创建多段线等。

4.2.9.1 多段线创建（Pline）

绘制多段线的弧线段时，圆弧的起点就是前一条线段的端点。可以指定圆弧的角度、圆心、方向或半径。通过指定一个中间点和一个端点也可以完成圆弧的绘制，如图 4-42 所示。

命令：_pline

指定起点：

当前线宽为 0.5000

指定下一个点或 ［圆弧(A)/半宽(H)/长度(L)/放弃(U)/宽度(W)］: 15

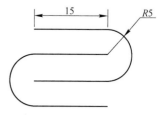

图 4-42 创建圆弧多段线

指定下一点或 ［圆弧(A)/闭合(C)/半宽(H)/长度(L)/放弃(U)/宽度(W)］:a （绘制圆弧）

指定圆弧的端点或[角度(A)/圆心(CE)/闭合(CL)/方向(D)/半宽(H)/直线(L)/半径(R)/第二个点(S)/放弃(U)/宽度(W)]: 10

指定圆弧的端点或[角度(A)/圆心(CE)/闭合(CL)/方向(D)/半宽(H)/直线(L)/半径(R)/第二个点(S)/放弃(U)/宽度(W)]: 1   （绘制直线）

指定下一点或 ［圆弧(A)/闭合(C)/半宽(H)/长度(L)/放弃(U)/宽度(W)］: 15

指定下一点或 ［圆弧(A)/闭合(C)/半宽(H)/长度(L)/放弃(U)/宽度(W)］:   （回车）

4.2.9.2 编辑多段线（Pedit）

命令：pedit

选择多段线或 ［多选(M)］:   （使用对象选择方法或输入 m）

其余提示取决于是选择了二维多段线、三维多段线还是三维多边形网格。

如果选定对象是直线或圆弧，则显示以下提示：

选定的对象不是多段线。

是否将其转换为多段线？ <Y>:   （输入 y 或 n，或者回车）

如果输入 y，则对象被转换为可编辑的单段二维多段线。使用此操作可以将直线和圆弧合并为多段线。如果 PEDITACCEPT 系统变量设置为 1，将不显示该提示，选定对象将自动转换为多段线。

4.2.10 夹点编辑

对于已经绘制的图形我们可以采用夹点编辑功能快速直接进行编辑，在绘图过程中使用相当简单方便，使用频率也相当高。

夹点是对象上的控制点，一种集成的编辑模式，通过直接点击图形对象，进入夹点编辑，可以对图形对象实现拉伸、移动、复制、缩放、旋转以及镜像等操作。

4.2.10.1　夹点显示

在默认情况下，夹点是打开的。前面介绍过在"选项"对话框的"选择"选项卡可以设置夹点的显示和大小。对于不同对象来说，用来控制其特征的夹点的位置和数量是不同的，例如直线的控制夹点是中点和两个端点，圆的控制夹点是圆心和4个象限点，椭圆的控制夹点是中心点和4个顶点，如图4-43所示。

4.2.10.2　使用夹点编辑对象

在 AutoCAD 中，使用夹点编辑图形非常方便和实用。点击图形对象，在温夹点上再次点击，出现热夹点，点击鼠标右键，我们可以看到可以利用该夹点对该对象进行编辑的命令，图4-44所示为利用圆的圆心夹点所能进行的编辑操作。

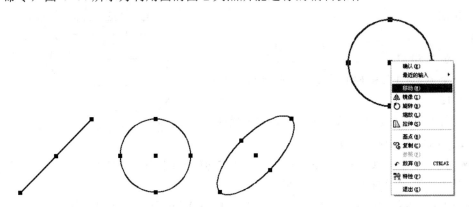

图 4-43　直线、圆、椭圆的夹点显示　　图 4-44　利用圆的圆心夹点所能进行的编辑

4.3　平面图形的绘制

平面图形是零件图、装配图的基础，也是三维实体的基础，我们可以通过将平面图形拉伸或者旋转来生成三维实体。本节将利用实例来讲解平面图形的绘制。

4.3.1　简单圆弧连接

【例4-10】用1∶1的比例绘制如图4-45所示的平面图形。

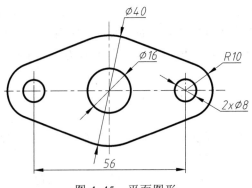

图 4-45　平面图形

（1）新建两个图层，分别命名"broad"和"center"，将"broad"图层的线宽设置为0.3mm，将"center"图层的线型设置为"center"，线宽为默认。

（2）将"broad"图层设置为当前，绘制中间的两个圆，如图4-46所示。

命令:circle

circle 指定圆的圆心或 [三点(3P)/两点(2P)/相切、相切、半径(T)] ：（在绘图区域内任意一点单一鼠标来定圆心的位置）

指定圆的半径或 [直径(D)]: 20

（回车重复上一次命令）

circle 指定圆的圆心或 [三点(3P)/两点(2P)/相切、相切、半径(T)]:（选择刚才绘制的圆的圆心，如果捕捉不到，设置状态栏上的"捕捉"）

指定圆的半径或 [直径(D)] <20.0000>: 8

（3）绘制左边的两个圆，镜像生成右边的两个圆，如图4-47所示。

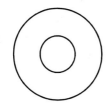

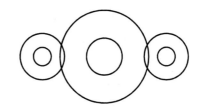

图 4-46　绘制中间的两个圆　　　　　图 4-47　绘制左右四个圆

命令:circle

circle 指定圆的圆心或 [三点(3P)/两点(2P)/相切、相切、半径(T)] :28↙（将状态栏的"对象捕捉"和"对象追踪"都打开，将鼠标放置在大圆的圆心但是不点击，慢慢向左移动，出现一个构造线，这时输入28）

指定圆的半径或 [直径(D)]: 10　　　　　　　　　（回车重复上一次命令）

circle 指定圆的圆心或 [三点(3P)/两点(2P)/相切、相切、半径(T)]:

（选择刚才绘制的圆的圆心）

指定圆的半径或 [直径(D)] <20.0000>: 4

命令: mirror

选择对象: 找到 1 个　　　　　　　　　（选择半径为 10 的圆）

选择对象: 找到 1 个，总计 2 个　　　　　（选择半径为 4 的圆）

选择对象: ↙

指定镜像线的第一点:　　　　　　　　　（选择半径为 20 的大圆的上象限点）

指定镜像线的第二点:　　　　　　　　　（选择半径为 20 的大圆的下象限点）

要删除源对象吗？[是(Y)/否(N)] <N>: ↙

（4）打开"对象捕捉"工具条，如图4-48所示，绘制与圆相切的四条直线，如图4-49所示。

图 4-48　"对象捕捉"工具条

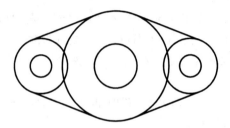

图 4-49 绘制切线

　　状态栏上设置的"对象捕捉"是自动捕捉的一种方式，我们可以设置常用的几种，在绘制下面的直线时，由于设置的捕捉对象靠得比较近，对象捕捉有时候捕捉不到我们想要的切点，这时候我们要打开"对象捕捉"工具条。

　　命令: line

　　line 指定第一点: _tan 到　　　　　　　　（点击对象捕捉工具条上的"切点"按钮，然后在左边半径为 10 的圆上面上半个圆弧上任意位置点击左键）

　　指定下一点或 [放弃(U)]: _tan 到　　　　　（点击对象捕捉工具条上的"切点"按钮，然后在半径为 20 的圆上面上半个圆弧上任意位置点击左键）

　　指定下一点或 [放弃(U)]: ✓

　　命令:✓（重复上一次命令）

　　line 指定第一点: _tan 到　　　　　　　　（点击对象捕捉工具条上的"切点"按钮，然后在右边半径为 10 的圆上面上半个圆弧上任意位置点击左键）

　　指定下一点或 [放弃(U)]: _tan 到　　　　　（点击对象捕捉工具条上的"切点"按钮，然后在半径为 20 的圆上面上半个圆弧上任意位置点击左键）

　　指定下一点或 [放弃(U)]: ✓

　　命令: mirror

　　选择对象: 找到 1 个　　　　　　　　　　　（选择刚才绘制的左边的切线）

　　选择对象: 找到 1 个, 总计 2 个　　　　　（选择刚才绘制的右边的切线）

　　选择对象: ✓

　　指定镜像线的第一点:　　　　　　　　　　（选择半径为 20 的大圆的左象限点）

　　指定镜像线的第二点:　　　　　　　　　　（选择半径为 20 的大圆的右象限点）

　　要删除源对象吗？[是(Y)/否(N)] <N>:✓

　　（5）利用修剪命令进行修剪，如图 4-50 所示。

　　命令:trim

　　当前设置:投影=UCS，边=无

　　选择剪切边...

　　选择对象或 <全部选择>: 找到 1 个

　　　　　　　　（选择绘制的四条切线）

　　选择对象: 找到 1 个, 总计 2 个

　　选择对象: 找到 1 个, 总计 3 个

　　选择对象: 找到 1 个, 总计 4 个

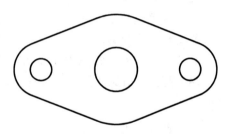

图 4-50 修剪

选择对象:↙ 或者按鼠标右键

选择要修剪的对象，或按住 Shift 键选择要延伸的对象，或[栏选(F)/窗交(C)/投影(P)/边(E)/删除(R)/放弃(U)]:　　　　　　　　　(选择要修剪掉的对象)

……

选择要修剪的对象，或按住 Shift 键选择要延伸的对象，或[栏选(F)/窗交(C)/投影(P)/边(E)/删除(R)/放弃(U)]:↙

（6）将"center"图层设置为当前，绘制中心线，如图 4-51 所示。

按国标规定画法，中心线必须是实线相交，如果绘制的中心线不是实线部分相交，可以通过线型比例进行调整。

命令:line

line 指定第一点:　　　　　　　　　(确定打开"对象捕捉"和"对象追踪"，鼠标指向左边半径为 10 的圆的左象限点，慢慢向左移动，出现一条水平构造线，在图形的左边 4 mm 左右点击左键，如图 4-52 所示)

指定下一点或 [放弃(U)]:　　　　　　(在图形的右边 4 mm 左右点击左键)

指定下一点或 [放弃(U)]:↙

命令: ↙　　　　　　　　　　　(同样的方式绘制垂直的中心线)

命令: ltscale

LTSCALE 输入新线型比例因子 <1.0000>:0.2

正在重生成模型。

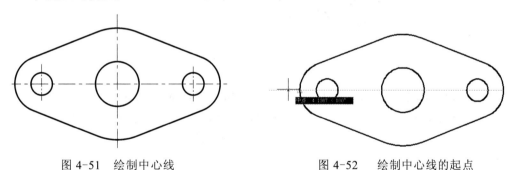

图 4-51　绘制中心线　　　　　　　图 4-52　绘制中心线的起点

4.3.2　复杂圆弧连接

【例 4-11】 用 1：1 的比例绘制如图 4-53 所示的平面圆弧连接。

（1）新建两个图层，分别命名"broad"和"center"，将"broad"图层的线宽设置为 0.3 mm，将"center"图层的线型设置为"center"，线宽为默认。

（2）将"broad"图层设置为当前，绘制已知圆和圆弧，如图 4-54 所示。

命令: circle

circle 指定圆的圆心或 [三点(3P)/两点(2P)/相切、相切、半径(T)]: (任意位置点击左键)

指定圆的半径或 [直径(D)]: 30

命令:'_zoom　　　　　　　　　(将绘制的圆用窗显命令显示至合适的大小)

指定窗口的角点，输入比例因子 (nX 或 nXP)，或者

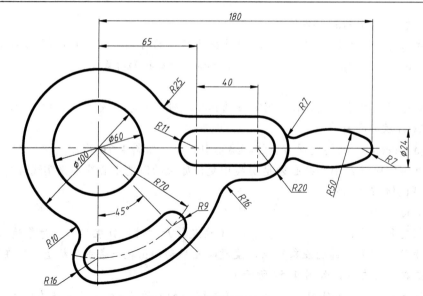

图 4-53　平面圆弧连接

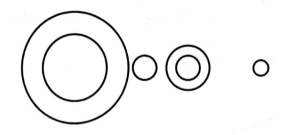

图 4-54　绘制已知圆

[全部(A)/中心(C)/动态(D)/范围(E)/上一个(P)/比例(S)/窗口(W)/对象(O)] <实时>: _w

指定第一个角点：　　　　　　　　　　　　（指出想要在屏幕上显示的窗口一角点）

指定对角点：　　　　　　　　　　　　　　（指出上一点的对角点）

命令: circle

circle 指定圆的圆心或 [三点(3P)/两点(2P)/相切、相切、半径(T)]:　（选择刚才绘制圆的圆心）

指定圆的半径或 [直径(D)] <30.0000>: 50

命令:↙（重复圆命令）

circle 指定圆的圆心或 [三点(3P)/两点(2P)/相切、相切、半径(T)]: 65↙（选择刚才绘制圆的圆心水平向右移动，出现辅助线，输入 65）

指定圆的半径或 [直径(D)] <50.0000>: 11

命令:↙

circle 指定圆的圆心或 [三点(3P)/两点(2P)/相切、相切、半径(T)]: 40↙　（选择刚绘制的半径为 11 的圆的圆心，水平向右移动，出现辅助线，输入 40）

指定圆的半径或 [直径(D)] <11.0000>:↙

命令:↙

circle 指定圆的圆心或 [三点(3P)/两点(2P)/相切、相切、半径(T)]: （选择刚绘制的半径为 11 的圆的圆心）

指定圆的半径或 [直径(D)] <7.0000>: 20

命令: ↙

circle 指定圆的圆心或 [三点(3P)/两点(2P)/相切、相切、半径(T)]: 180↙ （选择半径为 50 的大圆的圆心，向右移动，出现辅助线，输入 180）

指定圆的半径或 [直径(D)] <11.0000>: 7

（3）绘制与半径为 11 的两个圆相切的直线和与半径为 20 的圆相切的直线，并修剪。

确定打开"对象捕捉"和"对象追踪"功能，并选择"象限点"捕捉，绘制如图 4-55 所示的四条直线。接着修剪这部分图形，如图 4-56 所示。

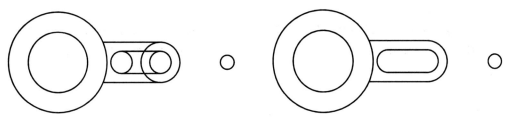

图 4-55　绘制已知直线　　　　　　　　　图 4-56　修剪（一）

命令: trim ↙

trim 当前设置:投影=UCS，边=无

选择剪切边...

选择对象或 <全部选择>: 找到 1 个　　　　　　　　（选择四条直线）

选择对象: 找到 1 个，总计 2 个

选择对象: 找到 1 个，总计 3 个

选择对象: 找到 1 个，总计 4 个

选择对象: ↙

选择要修剪的对象，或按住 Shift 键选择要延伸的对象，或

[栏选(F)/窗交(C)/投影(P)/边(E)/删除(R)/放弃(U)]: （选择要剪掉的圆弧段）

... ...

（4）绘制半径为 25 的连接圆弧，如图 4-57 所示，并修剪，如图 4-58 所示。

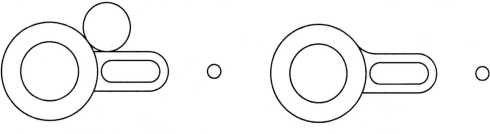

图 4-57　绘制半径为 25 的连接圆弧　　　　　图 4-58　修剪（二）

命令: circle

circle 指定圆的圆心或 [三点(3P)/两点(2P)/相切、相切、半径(T)]: t

指定对象与圆的第一个切点: （在半径为 50 的圆上点击）

指定对象与圆的第二个切点: （在上面一条与半径为 20 的圆相切的直线上点击）

指定圆的半径 <20.0000>: 25

命令:trim

trim 当前设置:投影=UCS，边=无

选择剪切边...

选择对象或 <全部选择>: 找到 1 个   （选择半径为 50 的圆）

选择对象: 找到 1 个，总计 2 个   （选择半径为 25 的连接圆）

选择对象: 找到 1 个，总计 3 个   （选择直线）

选择对象: ↙

选择要修剪的对象，或按住 Shift 键选择要延伸的对象，或[栏选(F)/窗交(C)/投影(P)/
边(E)/删除(R)/放弃(U)]:   （选择要修剪掉的部分）

... ...

（5）绘制辅助线，如图 4-59 所示。

命令: arc

arc 指定圆弧的起点或 [圆心(C)]: 70↙   （将鼠标移动到半径为 50 的大圆
圆心，慢慢向右移动，出现辅助线时输入 70，如图 4-60 所示）

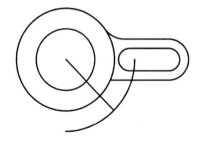
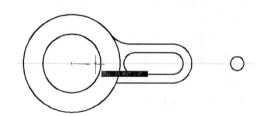

图 4-59 绘制辅助线   图 4-60 绘制四分之一圆弧辅助线

指定圆弧的第二个点或 [圆心(C)/端点(E)]: c↙   （选择"圆心"选项）

指定圆弧的圆心:（选择大圆圆心）

指定圆弧的端点或 [角度(A)/弦长(L)]: a   （选择"角度"选项）

指定包含角: −90

命令: line

line 指定第一点: （选择大圆圆
心）

指定下一点或 [放弃(U)]: （极轴 − 45°
与半径为 70 的圆弧相交，如图 4-61 所示）

指定下一点或 [放弃(U)]: ↙

（6）偏移得到圆和圆弧线段，如图 4-62

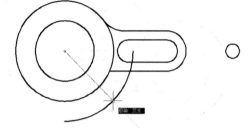

图 4-61 绘制 45° 辅助线

所示。选择辅助线换到"center"图层，剪掉多余的线条，如图 4-63 所示。

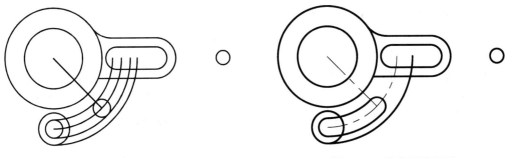

图 4-62　偏移得到圆弧　　　　　　　图 4-63　修剪后的图形

命令: offset

offset 当前设置: 删除源=否　图层=源　OFFSETGAPTYPE=0

指定偏移距离或 [通过(T)/删除(E)/图层(L)] <通过>:　9

选择要偏移的对象, 或 [退出(E)/放弃(U)] <退出>:　　（选择四分之一圆弧辅助线）

指定要偏移的那一侧上的点, 或 [退出(E)/多个(M)/放弃(U)] <退出>:（向上点击一次）

选择要偏移的对象, 或 [退出(E)/放弃(U)] <退出>:　　（选择四分之一圆弧辅助线）

指定要偏移的那一侧上的点, 或 [退出(E)/多个(M)/放弃(U)] <退出>:　　（向下点击一次）

选择要偏移的对象, 或 [退出(E)/放弃(U)] <退出>:↙

命令:　↙

offset 当前设置: 删除源=否　图层=源　OFFSETGAPTYPE=0

指定偏移距离或 [通过(T)/删除(E)/图层(L)] <9.0000>:　16

选择要偏移的对象, 或 [退出(E)/放弃(U)] <退出>:　　（选择四分之一圆弧辅助线）

指定要偏移的那一侧上的点, 或 [退出(E)/多个(M)/放弃(U)] <退出>:　　（向下点击一次）

选择要偏移的对象, 或 [退出(E)/放弃(U)] <退出>:↙

命令: circle

circle 指定圆的圆心或 [三点(3P)/两点(2P)/相切、相切、半径(T)]:　（找到半径为 9 的圆的圆心）

指定圆的半径或 [直径(D)] <9.0000>: 9

命令:　↙

circle 指定圆的圆心或 [三点(3P)/两点(2P)/相切、相切、半径(T)]:　（找到另一个半径为 9 的圆的圆心）

指定圆的半径或 [直径(D)] <9.0000>: 9

命令:　↙

circle 指定圆的圆心或 [三点(3P)/两点(2P)/相切、相切、半径(T)]:　（选择刚绘制的半径为 9 的圆的圆心）

指定圆的半径或 [直径(D)] <9.0000>: 16

选择四分之一圆弧和-45°直线辅助线, 将它们放置在"center"图层上。

命令:trim

trim 当前设置:投影=UCS，边=无

选择剪切边...

选择对象或 <全部选择>: 找到 1 个   （选择半径为 9 的圆）

选择对象: 找到 1 个，总计 2 个   （选择半径为 9 的圆）

选择对象: 找到 1 个，总计 3 个   （选择与半径为 9 的圆相切的圆弧）

选择对象: 找到 1 个，总计 4 个   （选择与半径为 9 的圆相切的圆弧）

选择对象: ↙

选择要修剪的对象，或按住 Shift 键选择要延伸的对象，或[栏选(F)/窗交(C)/投影(P)/边(E)/删除(R)/放弃(U)]:   （选择要修剪掉的部分）

… …

（7）绘制半径为 10 和半径为 16 的连接圆，如图 4-64 所示，然后修剪这部分图形，如图 4-65 所示。

图 4-64   连接圆   图 4-65   修剪下半个图形

命令: circle

circle 指定圆的圆心或 [三点(3P)/两点(2P)/相切、相切、半径(T)]: t

指定对象与圆的第一个切点: （在半径为 50 的圆上点击）

指定对象与圆的第二个切点: （在半径为 16 的圆上点击）

指定圆的半径 <16.0000>: 10

命令: ↙

circle 指定圆的圆心或 [三点(3P)/两点(2P)/相切、相切、半径(T)]: t

指定对象与圆的第一个切点: （在最外面的四分之一圆弧上点击）

指定对象与圆的第二个切点: （在下面一条与半径为 20 的圆弧相切的直线上点击）

指定圆的半径 <10.0000>:16

命令:trim

trim 当前设置:投影=UCS，边=无

选择剪切边...

选择对象或 <全部选择>: 找到 1 个   （选择半径为 50 的圆）

选择对象: 找到 1 个，总计 2 个   （选择半径为 16 的圆）

选择对象: ↙

选择要修剪的对象，或按住 Shift 键选择要延伸的对象，或[栏选(F)/窗交(C)/投影(P)/边(E)/删除(R)/放弃(U)]:（选择半径为 10 的圆要修剪掉的部分）

... ...

（8）绘制右边的图形。

命令: line

line 指定第一点:　　　　　　　　　　　　　　（选择半径为7的圆心）

指定下一点或 [放弃(U)]:　　　　　　　　　　（与半径为20的圆弧水平相交）

指定下一点或 [放弃(U)]:↙

命令: offset

offset 当前设置: 删除源=否　 图层=源　　 OFFSETGAPTYPE=0

指定偏移距离或 [通过(T)/删除(E)/图层(L)] <16>:　 12

选择要偏移的对象，或 [退出(E)/放弃(U)] <退出>:　　　　　　　（选择刚绘制的直线）

指定要偏移的那一侧上的点，或 [退出(E)/多个(M)/放弃(U)] <退出>:（向上侧点击一次，如图 4-66 所示）

选择要偏移的对象，或 [退出(E)/放弃(U)] <退出>:↙

选择第一条辅助线，将它换到"center"图层上。

命令: circle

circle 指定圆的圆心或 [三点(3P)/两点(2P)/相切、相切、半径(T)]: t

指定对象与圆的第一个切点:　　　　　（在半径为7的圆上半圆弧上点击）

指定对象与圆的第二个切点:　　　　　（偏移得到的直线上点击）

指定圆的半径 <16.0000>: 50

命令:　↙

circle 指定圆的圆心或 [三点(3P)/两点(2P)/相切、相切、半径(T)]: t

指定对象与圆的第一个切点:　　　　　（在刚绘制的半径为50的圆上点击）

指定对象与圆的第二个切点:　　　　　（在半径为20的圆弧上半圆弧上点击）

指定圆的半径 <50.0000>:7　　　　　　　（如图 4-67 所示）

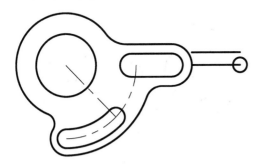

图 4-66　绘制辅助直线并偏移

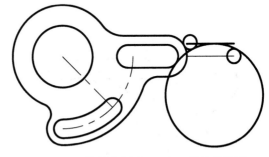

图 4-67　绘制半径为50和7的连接圆弧

命令:trim

trim 当前设置:投影=UCS，边=无

选择剪切边...

选择对象或 <全部选择>:　找到 1 个　　（选择半径为50的圆）

选择对象:找到 1 个，总计 2 个　　　（选择半径为20的圆弧）

选择对象：↙

选择要修剪的对象，或按住 Shift 键选择要延伸的对象，或[栏选(F)/窗交(C)/投影(P)/边(E)/删除(R)/放弃(U)]:　　　　　　　　（选择半径为 7 的连接圆要修剪掉的部分）

… …

删除偏移得到的辅助直线，修剪的结果如图 4-68 所示。

命令: mirror

mirror 选择对象：找到 1 个　　　　　　　　（选择半径为 7 的连接圆弧）

选择对象：找到 1 个，总计 2 个　　　　　　（选择半径为 0 的连接圆弧）

选择对象：↙

指定镜像线的第一点：　　　　　　　　　　（选择中心线的两个端点）

指定镜像线的第二点：

要删除源对象吗？[是(Y)/否(N)] <N>:↙

镜像以后的图形如图 4-69 所示。

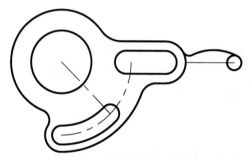
图 4-68　修剪连接圆弧

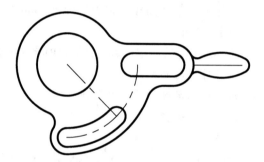
图 4-69　镜像连接圆弧

（9）将"center"图层设为当前，绘制并利用夹点整理中心线，如图 4-70、图 4-71 所示。

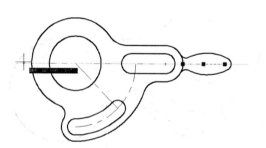
图 4-70　利用夹点拉伸中心线

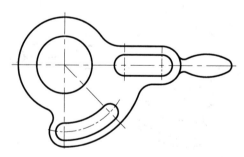
图 4-71　绘制并整理中心线

4.3.3　直线平面图形

【例 4-12】　用 1:1 的比例绘制如图 4-72 所示的平面图形。

（1）新建三个图层，分别命名"broad"、"con-line"和"center"，将"broad"图层的线宽设置为 0.3 mm，将"center"图层的线型设置为"center"，线宽为默认。

（2）将"con-line"图层设置为当前，绘制构造线，如图 4-73 所示。

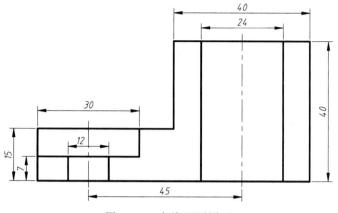

图 4-72 直线平面图形

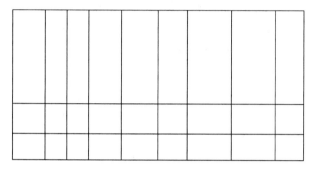

图 4-73 构造线

命令:line

line 指定第一点： （在任意位置指定一点）

指定下一点或 [放弃(U)]: 40 （打开"正交"功能，鼠标垂直向下，输入 40）

指定下一点或 [放弃(U)]:↙

命令:offset

OFFSET

当前设置：删除源=否 图层=源 OFFSETGAPTYPE=0

指定偏移距离或 [通过(T)/删除(E)/图层(L)] <通过>: 12

选择要偏移的对象，或 [退出(E)/放弃(U)] <退出>: （选择绘制的直线）

指定要偏移的那一侧上的点，或 [退出(E)/多个(M)/放弃(U)] <退出>: （在直线左边点击一次）

选择要偏移的对象，或 [退出(E)/放弃(U)] <退出>: （选择绘制的直线）

指定要偏移的那一侧上的点，或 [退出(E)/多个(M)/放弃(U)] <退出>: （在直线右边点击一次）

选择要偏移的对象，或 [退出(E)/放弃(U)] <退出>:↙

命令: ↙ （重复上一次命令）

OFFSET

当前设置：删除源=否 图层=源 OFFSETGAPTYPE=0

指定偏移距离或 [通过(T)/删除(E)/图层(L)] <12.0000>:   20

选择要偏移的对象，或 [退出(E)/放弃(U)] <退出>:   （选择第一次绘制的直线）

指定要偏移的那一侧上的点，或 [退出(E)/多个(M)/放弃(U)] <退出>:   （在直线左边点击一次）

选择要偏移的对象，或 [退出(E)/放弃(U)] <退出>:   （选择第一次绘制的直线）

指定要偏移的那一侧上的点，或 [退出(E)/多个(M)/放弃(U)] <退出>:   （在直线右边点击一次）

选择要偏移的对象，或 [退出(E)/放弃(U)] <退出>:✓

命令:✓   （重复上一次命令）

OFFSET

当前设置: 删除源=否   图层=源   OFFSETGAPTYPE=0

指定偏移距离或 [通过(T)/删除(E)/图层(L)] <20.0000>:   45

选择要偏移的对象，或 [退出(E)/放弃(U)] <退出>:   （选择第一次绘制的直线）

指定要偏移的那一侧上的点，或 [退出(E)/多个(M)/放弃(U)] <退出>:   （在直线左边点击一次）

选择要偏移的对象，或 [退出(E)/放弃(U)] <退出>:✓

命令:✓   （重复上一次命令）

OFFSET

当前设置: 删除源=否   图层=源   OFFSETGAPTYPE=0

指定偏移距离或 [通过(T)/删除(E)/图层(L)] <45.0000>:   6

选择要偏移的对象，或 [退出(E)/放弃(U)] <退出>:   （选择上一次偏移 45 得到的直线）

指定要偏移的那一侧上的点，或 [退出(E)/多个(M)/放弃(U)] <退出>:   （在直线左边点击一次）

选择要偏移的对象，或 [退出(E)/放弃(U)] <退出>:   （选择上一次偏移 45 得到的直线）

指定要偏移的那一侧上的点，或 [退出(E)/多个(M)/放弃(U)] <退出>:   （在直线右边点击一次）

选择要偏移的对象，或 [退出(E)/放弃(U)] <退出>:✓

命令:✓   （重复上一次命令）

OFFSET

当前设置: 删除源=否   图层=源   OFFSETGAPTYPE=0

指定偏移距离或 [通过(T)/删除(E)/图层(L)] <6.0000>: 15

选择要偏移的对象，或 [退出(E)/放弃(U)] <退出>:   （选择上一次偏移 45 得到的直线）

指定要偏移的那一侧上的点，或 [退出(E)/多个(M)/放弃(U)] <退出>:   （在直线左边点击一次）

选择要偏移的对象，或 [退出(E)/放弃(U)] <退出>:   （选择上一次偏移 45 得到的直线）

指定要偏移的那一侧上的点，或 [退出(E)/多个(M)/放弃(U)] <退出>: （在直线右边点击一次）

选择要偏移的对象，或 [退出(E)/放弃(U)] <退出>:↙

命令:line

line 指定第一点： （选择最左边垂线的下端点）

指定下一点或 [放弃(U)]: （选择最右边垂线的下端点）

指定下一点或 [放弃(U)]:

命令:copy

copy 选择对象: 找到 1 个 （选择绘制的水平线）

选择对象:

指定基点或 [位移(D)] <位移>: （选择直线的左端点）

指定第二个点或 <使用第一个点作为位移>: （选择最左垂线的上端点）

指定第二个点或 [退出(E)/放弃(U)] <退出>: ↙

（3）将"broad"图层设置为当前，绘制图形，如图 4-74 所示。

（4）删除多余的构造线。如图 4-75 所示。

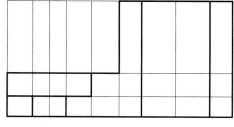

图 4-74 "broad"图层上的直线

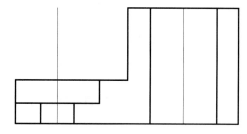

图 4-75 去除构造线

（5）编辑得到中心线。

将这两条构造线换到 center 图层上，利用夹点编辑功能，如图 4-76 所示，把中心线伸出图形的长度设置为合适的长度，如图 4-77 所示。

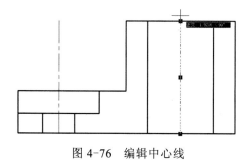

图 4-76 编辑中心线

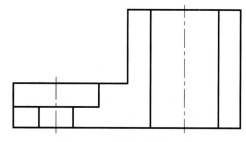

图 4-77 编辑后的中心线

4.3.4 补第三视图

【例 4-13】 如图 4-78 所示，已知主视图和俯视图，补画其左视图。

由两个视图补画第三视图的题目，首先需要利用形体分析法或是线面分析法想象出该组合体的立体模型，如图 4-79 所示。这个组合体我们可以看成是一个叠加体模型。我们可以根据"长对正，宽相等，高平齐"的三等关系补画底板，然后根据前后左右的叠加位置补画两块竖板。我们可以利用"对象捕捉"和"对象追踪"来保证"长对正，高平齐"，利用偏移命令保证"宽相等"。

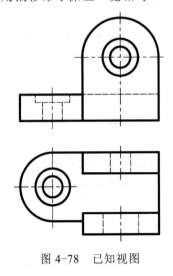

图 4-78 已知视图

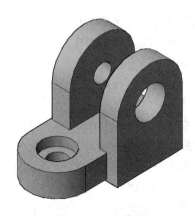

图 4-79 立体图

（1）定义三个图层："broad"、"dash"和"center"，将"broad"图层线宽设置为 0.3 mm，"dash"图层的线型设置为"iso dash"，将"center"图层的线型设置为 "center"。

（2）定左视图位置，绘制底板。

命令: line

line 指定第一点:（将鼠标移动到如图 4-80 所示的端点，向右移动合适的距离点击）

指定下一点或 [放弃(U)]:（将鼠标向上移动到如图 4-81 所示的端点，向右移动，出现"端点<0°，极轴<90°"时点击左键）

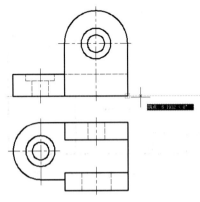

图 4-80 捕捉端点到合适的位置来
确定左视图的位置

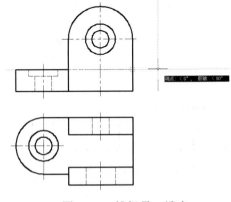

图 4-81 捕捉另一端点

指定下一点或 [放弃(U)]: ↙

绘制的直线如图 4-82 所示。

命令: offset

offset 当前设置: 删除源=否　　图层=源　　OFFSETGAPTYPE=0

指定偏移距离或 [通过(T)/删除(E)/图层(L)] <通过>:　（选择如图 4-83 所示的端点）

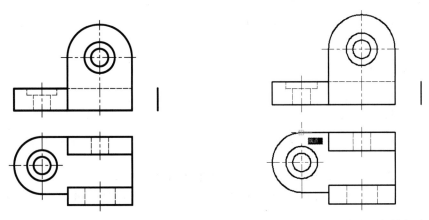

图 4-82　绘制的直线　　　　　　　　　　图 4-83　捕捉偏移距离的起点

指定第二点:　　　　　　　　　　　　　　（选择如图 4-84 所示的端点）

选择要偏移的对象，或 [退出(E)/放弃(U)] <退出>:　（选择如图 4-82 绘制的直线）

指定要偏移的那一侧上的点，或 [退出(E)/多个(M)/放弃(U)] <退出>:（鼠标向右侧移动）

选择要偏移的对象，或 [退出(E)/放弃(U)] <退出>:↙

偏移以后的直线如图 4-85 所示。

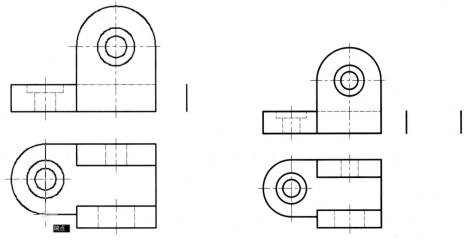

图 4-84　捕捉偏移距离的另一端点　　　　图 4-85　偏移后的直线

用直线命令绘制两条水平线，将矩形封闭，如图 4-86 所示。

将"dash"图层设为当前，捕捉如图 4-87 所示的中点绘制垂直辅助线，如图 4-88 所示。

用偏移命令绘制阶梯孔的四条素线。

命令: offset

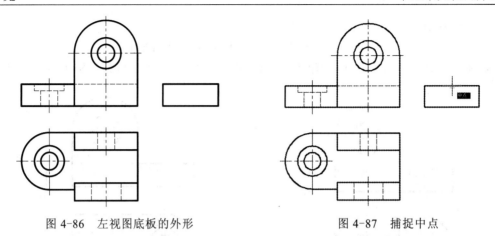

图 4-86 左视图底板的外形   图 4-87 捕捉中点

offset 当前设置: 删除源=否   图层=源   OFFSETGAPTYPE=0
指定偏移距离或 [通过(T)/删除(E)/图层(L)] <通过>: （选择如图 4-89 所示的圆心）

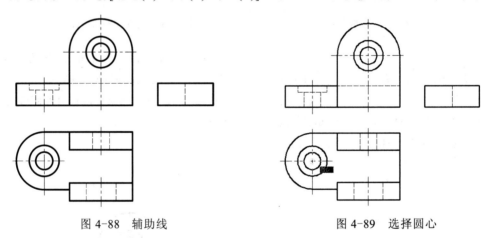

图 4-88 辅助线   图 4-89 选择圆心

指定第二点:（选择如图 4-90 所示的象限点）
选择要偏移的对象，或 [退出(E)/放弃(U)] <退出>:   （选择刚才绘制的虚线辅助线）
指定要偏移的那一侧上的点，或 [退出(E)/多个(M)/放弃(U)] <退出>:（向左点击一次）
选择要偏移的对象，或 [退出(E)/放弃(U)] <退出>:   （选择刚才绘制的虚线辅助线）
指定要偏移的那一侧上的点，或 [退出(E)/多个(M)/放弃(U)] <退出>:（向右点击一次）
选择要偏移的对象，或 [退出(E)/放弃(U)] <退出>: ↙
利用相同的方法得到阶梯孔小圆的两条素线，如图 4-91 所示。
绘制阶梯孔的台阶。
命令: line
line 指定第一点: （将鼠标移动到如图 4-92 所示的端点，向右移动至相交）
指定下一点或 [放弃(U)]:   （将鼠标向右移动到如图 4-93 所示）
指定下一点或 [放弃(U)]: ↙
绘制的直线如图 4-94 所示。将中间的虚线辅助线换到"center"图层并利用夹点功能
拉长，修剪阶梯孔。

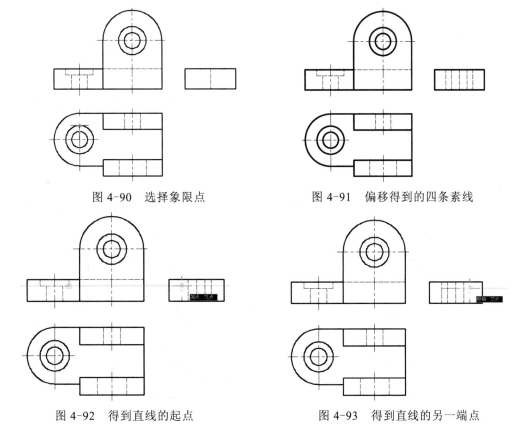

图 4-90　选择象限点　　　　　　　　　　图 4-91　偏移得到的四条素线

图 4-92　得到直线的起点　　　　　　　　图 4-93　得到直线的另一端点

命令:trim

trim 当前设置:投影=UCS，边=无

选择剪切边...

选择对象或 <全部选择>:　找到 1 个　　　　　　　（选择水平直线）

选择对象:　↙

选择要修剪的对象，或按住 Shift 键选择要延伸的对象，或[栏选(F)/窗交(C)/投影(P)/边(E)/删除(R)/放弃(U)]:　　　　　　　　　（选择要删除的部分）

… …

修剪以后的阶梯孔如图 4-95 所示。

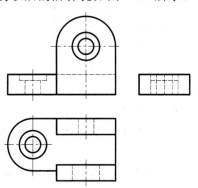

图 4-94　得到阶梯孔的台阶直线

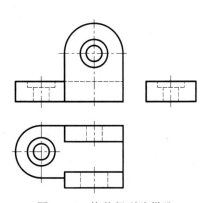

图 4-95　修剪得到阶梯孔

（3）绘制竖板。

先绘制后面的竖板外形，接着绘制前面的竖板外形，然后绘制中间的孔（虚线）。

命令: line

line 指定第一点: （选择左视图上底板的左上角端点）

　　指定下一点或 [放弃(U)]:   （将鼠标向上移动，然后将鼠标放置在主视

图竖板的上象限点，然后慢慢向右移动，出现如图 4-96 所示的提示点击鼠标左键）

　　指定下一点或 [放弃(U)]: ↙

命令: offset

offset 当前设置: 删除源=否　　图层=源　　OFFSETGAPTYPE=0

　　指定偏移距离或 [通过(T)/删除(E)/图层(L)] <通过>: 　（选择如图 4-97 所示的端点）

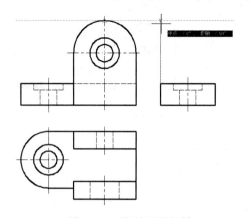

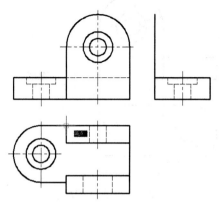

图 4-96　绘制后面竖板　　　　　　图 4-97　确定偏移的距离（一）

　　指定第二点: （选择如图 4-98 所示的交点）

　　选择要偏移的对象，或 [退出(E)/放弃(U)]

<退出>: 　（选择刚才绘制的竖线）

　　指定要偏移的那一侧上的点，或 [退出(E)/

多个(M)/放弃(U)] <退出>: 　（向右点击一次）

　　选择要偏移的对象，或 [退出(E)/放弃(U)]

<退出>:

　　偏移的结果如图 4-99 所示。绘制直线将其

封闭，如图 4-100 所示。

　　绘制前面的竖板，采用偏移命令确定前面的

竖板距后面的竖板的位置。

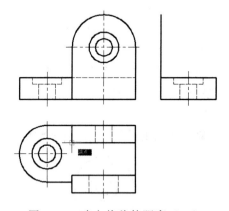

图 4-98　确定偏移的距离（二）

命令: offset

offset 当前设置: 删除源=否　　图层=源　　OFFSETGAPTYPE=0

　　指定偏移距离或 [通过(T)/删除(E)/图层(L)] <通过>: （选择如图 4-101 所示的端点）

　　指定第二点: （选择如图 4-102 所示的交点）

　　选择要偏移的对象，或 [退出(E)/放弃(U)] <退出>: 　（选择如图 4-103 所示的竖线）

　　指定要偏移的那一侧上的点，或 [退出(E)/多个(M)/放弃(U)] <退出>: （向右点击一次）

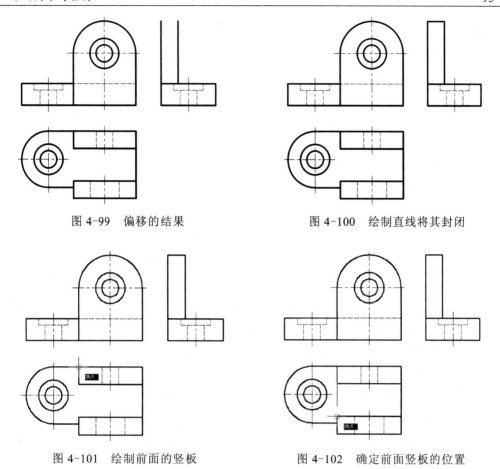

图 4-99　偏移的结果　　　　　　图 4-100　绘制直线将其封闭

图 4-101　绘制前面的竖板　　　　图 4-102　确定前面竖板的位置

选择要偏移的对象，或 [退出(E)/放弃(U)] <退出>:↙

偏移以后的结果如图 4-104 所示。

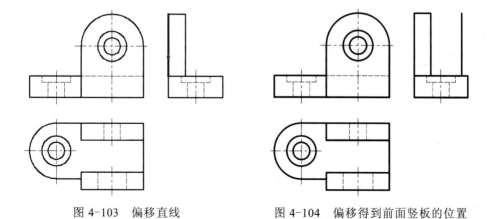

图 4-103　偏移直线　　　　　　图 4-104　偏移得到前面竖板的位置

利用偏移命令确定前面竖板的宽度。

命令: offset

offset 当前设置: 删除源=否　　图层=源　　OFFSETGAPTYPE=0

指定偏移距离或 [通过(T)/删除(E)/图层(L)] <通过>:（选择如图 4-105 所示的交点）
指定第二点:（选择如图 4-106 所示的交点）

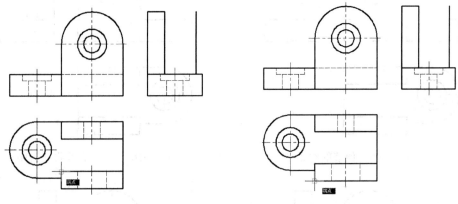

图 4-105   偏移   图 4-106   确定前面竖板的宽度

选择要偏移的对象，或 [退出(E)/放弃(U)] <退出>:（选择刚才绘制的前面竖板的直线）
指定要偏移的那一侧上的点，或 [退出(E)/多个(M)/放弃(U)] <退出>:（向右点击一次）
选择要偏移的对象，或 [退出(E)/放弃(U)] <退出>:↙

偏移以后的结果如图 4-107 所示。
利用直线命令绘制上面的水平线，利用圆角命令封闭下面的开口，如图 4-108 所示。

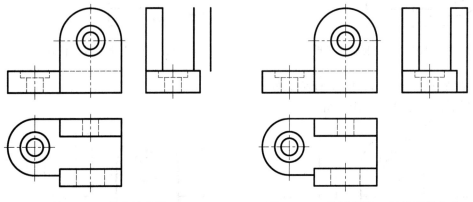

图 4-107   偏移的结果   图 4-108   绘制直线，利用圆角命令
                                                   封闭前面竖板外形

命令: _fillet
当前设置: 模式 = 修剪，半径 = 0.0000
选择第一个对象或 [放弃(U)/多段线(P)/半径(R)/修剪(T)/多个(M)]:   （选择底板
下面水平线的右半部分任意一点）
选择第二个对象，或按住 Shift 键选择要应用角点的对象: （选择前面
竖板的前面一条竖线的下半部分任意一点）
将"dash"图层设置为当前，绘制竖板的孔（虚线）。
命令: line

line 指定第一点：   （选择主视图上两个圆的圆
心，将鼠标向右移动，出现如图 4-109 所示的提示，点击鼠标左键）

指定下一点或 [放弃(U)]:   （绘制与竖板相交的水平线）

指定下一点或 [放弃(U)]: ↙

同样的方式绘制前面竖板的辅助线，如图 4-110 所示。

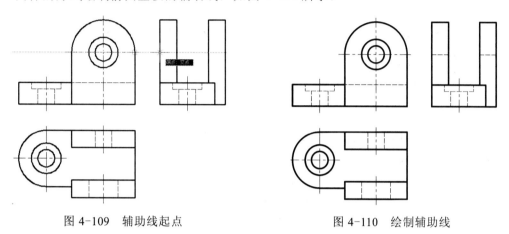

图 4-109 辅助线起点   图 4-110 绘制辅助线

命令: offset

offset 当前设置: 删除源=否 图层=源   OFFSETGAPTYPE=0

指定偏移距离或 [通过(T)/删除(E)/图层(L)] <通过>: （选择如图 4-111 所示的圆心）

指定第二点: （选择如图 4-112 所示的象限点）

选择要偏移的对象，或 [退出(E)/放弃(U)] <退出>:   （选择刚才绘制的虚线辅助线）

指定要偏移的那一侧上的点，或 [退出(E)/多个(M)/放弃(U)] <退出>: （向上点击一次）

选择要偏移的对象，或 [退出(E)/放弃(U)] <退出>:   （选择刚才绘制的虚线辅助线）

指定要偏移的那一侧上的点，或 [退出(E)/多个(M)/放弃(U)] <退出>: （向下点击一次）

选择要偏移的对象，或 [退出(E)/放弃(U)] <退出>: ↙

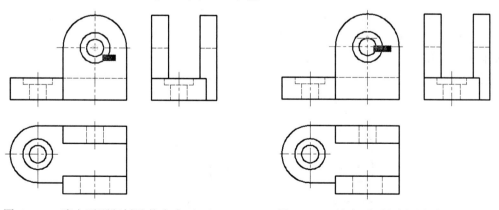

图 4-111 确定后面竖板孔的大小（一）   图 4-112 确定后面竖板孔的大小（二）

偏移出的孔如图 4-113 所示。用同样的方法可以偏移出前面竖板的孔，或者直接利用
直线命令和"对象捕捉"和"对象追踪"功能绘制，其绘制的结果如图 4-114 所示。

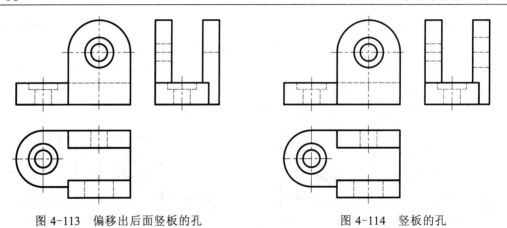

图 4-113   偏移出后面竖板的孔   图 4-114   竖板的孔

将这两条虚线辅助线换到"center"图层，利用夹点编辑功能拉伸中心线到合适的位置，如图 4-115 所示。

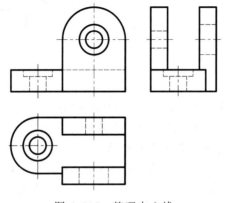

图 4-115   整理中心线

4.3.5   斜视图

斜视图是将机件向不平行于基本投影面的平面投影得到的视图。为了表达机件上倾斜表面的实际形状，常选用一个平行于这个倾斜平面的平面作为投影面，画出它的斜视图。通常斜视图采用复制、旋转等命令来绘制。

【例 4-14】   如图 4-116 所示，对照轴测图，补画 A 向斜视图。参考答案如图 4-117 所示。

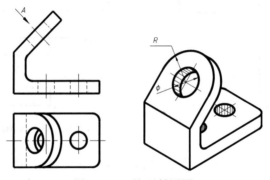

图 4-116   补画斜视图

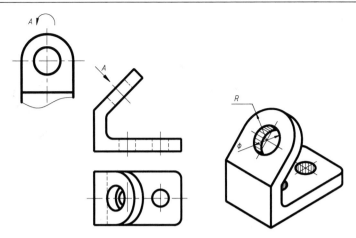

图 4-117　斜视图参考答案

（1）定义五个图层："broad"、"slim"、"dash"、"center"和"assis"，将"broad"图层线宽设置为 0.3 mm，"dash"图层的线型设置为"iso dash"，将"center"图层的线型设置为"center"。

（2）将主视图图形复制到空白处，并将复制的图形切换到"assis"图层上，然后将"broad"图层设置为当前，绘制圆，如图 4-118 所示。

（3）确定将"捕捉"功能里的"延伸"选项选中，绘制直线，如图 4-119 所示。

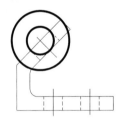

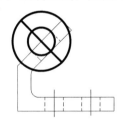

图 4-118　绘制圆　　　　　　　图 4-119　绘制的直径直线

命令: line

line 指定第一点:（选择中心线的前端慢慢向延长的方向移动至交点，如图 4-120 所示）

指定下一点或 [放弃(U)]:（选择中心线的后端慢慢向延长的方向移动至交点，如图 4-121 所示）

指定下一点或 [放弃(U)]:　✓

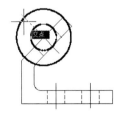

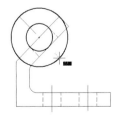

图 4-120　选择直线的起点　　　　图 4-121　选择直线的另一端点

（4）偏移直径，如图 4-122 所示。

（5）绘制直线，如图 4-123 所示。

（6）将"slim"图层设置为当前，绘制样条曲线，如图 4-124 所示。

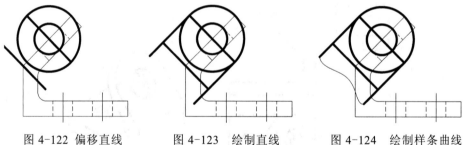

图 4-122　偏移直线　　　　图 4-123　绘制直线　　　　图 4-124　绘制样条曲线

（7）将"center"图层设置为当前，绘制中心线，如图 4-125 所示。

（8）利用修剪命令整理图形，如图 4-126 所示。将"assis"图层关闭，然后选择整个斜视图，将图形移动到合适的位置，如图 4-127 所示。

（9）将移动后的斜视图旋转，如图 4-111 所示。

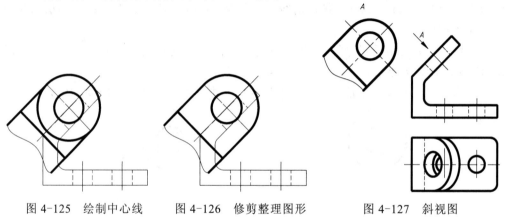

图 4-125　绘制中心线　　　　图 4-126　修剪整理图形　　　　图 4-127　斜视图

5 文字和图案填充

文字、尺寸、工程符号等构成的标注信息是图样中不可缺少的元素，它表达出了图形中各个对象的大小、相互位置及其他工程信息，工程标注是绘图设计中的一个重要功能。

5.1 文 字

工程图样技术要求中的文字说明、标题栏中的文字、明细表文字和某些特殊说明等都需要填写文字。在系统中有关文字的工具集中在"文字"工具条中，如图 5-1 所示。

图 5-1 文字工具条

5.1.1 文字样式

图样的文字样式既应该符合国家制图标准的要求，又需根据我们的要求设置字体文件、字符大小、宽度系数等参数，我们可以启动"文字样式"对话框来完成这些设置。

点击"文字"工具条中"文字样式"图标，或选择下拉菜单"格式"→"文字样式"，或在命令行中键入"Style"，都将调出"文字样式"对话框，如图 5-2 所示。

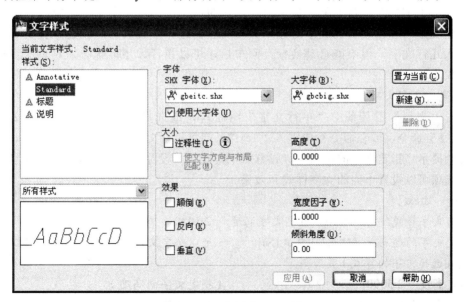

图 5-2 "文字样式"对话框

该对话框中主要选项的功能如下：

（1）"样式"选项组。在对话框的"样式"选项组中，包含有所有的样式名，我们可以通过右边的"新建"按钮选项新建样式，也可以删除不用的样式。AutoCAD2010 中默认的是 Standard 文字样式。

（2）"所有样式"下拉选项。这里有两个选项，可以选择"所有样式"和"正在使用的样式"。

（3）"字体"选项组。字体决定了文字最终显示的形式，可以通过下拉列表选择已有字体。当选定"使用大字体"复选框后，该选项变为"大字体"，用于选择大字体文件。对于字体的高度设置，如果将字高设置为 0，每次用该样式输入文字时，系统默认高度 2.5，提示输入文字高度，输入大于 0 的高度值则为该样式设置固定的文字高度。

一般在工程制图中，我们推荐汉字选择 SHX 字体文件"gbenor.shx"（直体），然后勾选"使用大字体"，再选择"gbcbig.shx"。大标题、小标题、图册封面、目录清单、标题栏中的设计单位名称、图样名称、工程名称、地形图等的文字可以选择选择"宋体"、"黑体"、"楷体"等。数字和字母选择 SHX 字体文件"gbeitc.shx"（斜体），然后勾选"使用大字体"，再选择"gbcbig.shx"。

（4）"效果"选项组。使用"效果"选项组中的选项可以设置文字的显示效果，例如宽度因子、倾斜角度，以及是否颠倒、反向或垂直。

（5）预览窗口。左下角的窗口显示所设置的文字样式效果。

（6）"置为当前"按钮。当我们定义好一个样式后，样式保存在所有样式里面，我们通过选择需要的样式，然后点击"置为当前"按钮，该样式被选用。

5.1.2 创建和编辑文字

5.1.2.1 单行文字

在 AutoCAD 中，对于单行文字而言，它的每一行都是一个文字对象。因此，可以用来创建文字内容比较少的文字对象，并可对它们进行单独编辑。创建单行文字可在图形中输入几行文字，但不能自动换行，回车后才可以换行。还可旋转、对正文字和调整文字的大小。

A 创建单行文字

点击"文字"工具条中"单行文字"图标 **AI**，或选择菜单"绘图"→"文字"→"单行文字"命令，或在命令行中键入"Text"，都将执行文字命令。执行该命令时，命令行后将会提示"指定文字的起点"、"设置对正方式"、"设置当前文字样式"等信息，选择不同的选项可以设置不同的文字样式和效果。

命令: _dtext

当前文字样式: Standard 当前文字高度: 2.5000

指定文字的起点或 [对正(J)/样式(S)]:   （可以给定文字的起始位置，也可以设定对齐方式或选择文字的样式）

指定高度 <2.5000>:   （指定文字的高度）

指定文字的旋转角度 <0>:   （指定文字旋转角度）

输入文字: （输入要书写的文字内容，直到空回车结束）

对于"指定文字的起点或 [对正(J)/样式(S)]"中的选项如下：

✧ "对正(J)",可以设置文字的排列方式。在提示下输入"J",此时命令行将会提示如下信息:

[对齐(A)/调整(F)/中心(C)/中间(M)/右(R)/左上(TL)/中上(TC)/右上(TR)/左中(ML)/正中(MC)/右中(MR)/左下(BL)/中下(BC)/右下(BR)]:

✧ "样式(S)",可以设置当前使用的文字样式。在提示下输入"S",此时命令行将会提示如下信息:

输入样式名或 [?] <Standard>:

我们可以根据需要输入文字的样式名,也可输入"?","AutoCAD 文本窗口"将显示当前图形已有的文字样式。

B 使用文字控制符

在实际设计绘图中,经常需要标注一些特殊的字符。例如,直径符号(¢)、标注度(°)等。由于这些特殊字符不能从键盘上直接输入,因此,AutoCAD 提供了相应的控制代码或 Unicode 字符串,可以某些特殊字符或符号以实现这些标注要求。

AutoCAD 的控制符由两个百分号(%%)及一个字符构成。常用的控制符如表 5-1 所示。

表 5-1 AutoCAD 常用的控制符

控 制 符	功 能
%%D	标注度符号(°)
%%P	绘制公差符号(±)
%%C	绘制圆直径标注符号(ϕ)
%%%	绘制百分号(%)

C 编辑单行文字

如果需要更改已经输入的单行,可以通过编辑文字命令进行修改。编辑单行文字包括文字内容、对正方式及缩放比例。

单击"文字"工具条中"编辑"图标 **A**,或从下拉菜单选择"修改"→"对象"→"文字"命令下的子菜单中的不同命令,或直接双击文字对象,或在命令行中键入"Ddedit",都将执行文字编辑命令。

我们还可以直接选择文字,然后点击鼠标右键,在弹出菜单上选择"编辑"命令进行编辑。启动编辑命令后,可以在"在位编辑器"中对文字进行编辑。

5.1.2.2 多行文字

多行文字的功能比单行文字强大得多,它可实现比如分数的输入、特殊符号的输入等。可一次标注多段文本,并且各段文本都可以指定宽度排列对齐、各自的文字高度和颜色。同时可将其他文本编辑器书写的内容,比如将*.txt 文件输入进来。在机械设计制图中,常常使用多行文字功能创建较为复杂的文字说明。

AutoCAD 对多行文字的功能做了改进和提高,可以使用新的在位文字编辑器创建或修改一个或多个多行文字段落,还可从其他文件输入或粘贴文字以用于多行文字。同时可以查看文字与图形的准确关系。

A　在位文字编辑器

　　"在位文字编辑器"包含"文字格式"工具条和选项菜单，显示为一个顶部带标尺的边框和"文字格式"工具条，如图 5-3 所示。该编辑器是透明的，因此在创建文字时可看到文字是否与其他对象重叠。操作过程中要关闭透明度，请复选"选项"菜单上的"不透明背景"。也可以将已完成的多行文字对象的背景设置为不透明，并设置其颜色。

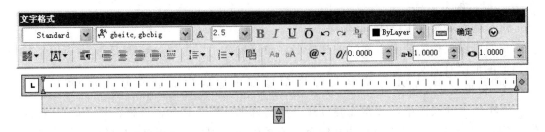

图 5-3　在位文字编辑器

a　"文字格式"工具条

◇"样式"：向多行文字对象应用文字样式。

◇"字体"：为新输入的文字指定字体或改变选定文字的字体。

◇"文字高度"：按图形单位设置新文字的字符高度或修改选定文字的高度。多行文字对象可以包含不同高度的字符。

◇"粗体/斜体"：为新建文字或选定文字打开和关闭粗体、斜体格式。此选项仅适用于使用 TrueType 字体的字符。

◇"下划线"：为新建文字或选定文字打开和关闭下划线。

◇"放弃/重做"：在"在位文字编辑器"中放弃/重做操作，包括对文字内容或文字格式所做的修改。

◇"堆叠"：如果选定文字中包含堆叠字符，则创建堆叠文字（例如分数）。如果选定堆叠文字，则取消堆叠。使用堆叠字符、插入符（^）、正向斜杠（/）和磅符号（#）时，堆叠字符左侧的文字将堆叠在字符右侧的文字之上。

　　默认情况下，包含插入符的文字转换为左对正的公差值。包含正斜杠（/）的文字转换为居中对正的分数值，斜杠被转换为一条同较长的字符串长度相同的水平线。

　　例如，当输入分子和分母的数字用"/"分隔后，选择这一段文字后，单击"堆叠"按钮 ，即可得到结果如图 5-4 所示。

图 5-4　堆叠效果

a—堆叠前文字；b—堆叠后文字

◇"文字颜色"：为新输入的文字指定颜色或修改选定文字的颜色。可以为文字指定

与被打开的图层相关联的颜色（随层）或所在的块的颜色（随块）。也可以从颜色
列表中选择一种颜色，或单击"其他"打开"选择颜色"对话框。

◇ "项目符号"：使用项目符号创建列表。

◇ "插入字段"：单击该选项，将显示"字段"对话框，如图 5-5 所示，从中可以选
择要插入到文字中的字段。关闭该对话框后，字段的当前值将显示在文字中。

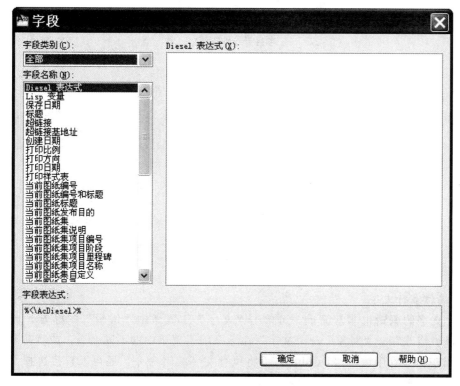

图 5-5 "字段"对话框

◇ "符号"：在创建多行文字时，可以为几个常用的标记（例如角度和中心线）插入
新文字符号。新文字符号可以使用多种字体，例如：Simplex、RomanS、Isocp 和
Isoct 等。单击该按钮，可以在光标位置插入符号或不间断空格，也可以手动插入
符号。不支持在垂直文字中使用符号。

◇ "倾斜角度"：确定文字是向前倾斜还是向后倾斜。

b 选项菜单

选项菜单控制"文字格式"工具条的显示并提供了其他编辑选项，如图 5-6 所示。以
下选项特定于"选项"菜单并且在"文字格式"工具条上不可用。

B 创建多行文字

点击"文字"工具条中"多行文字"图标 **A**，或从下拉菜单选择"绘图"→"文
字"→"多行文字"，或在命令行中键入"MText"，然后在绘图窗口中指定边框的对角
点以定义多行文字对象的宽度，这时将会显示在位文字编辑器，可以输入文字。在位文
字编辑器的"文字格式"工具条中，可以设置多行文字的样式、字体、文字高度、颜
色、对齐方式、倾斜角度等属性。如果输入的文字溢出了定义的边框，将用虚线来表示

出定义的宽度和高度。

图 5-6 "文字格式"工具条多行文字选项菜单

　　C　编辑多行文字

　　多行文字的编辑也非常简单。可单击"文字"工具条中"编辑"图标 **A/**，或从下拉菜单选择"修改"→"对象"→"文字"命令下的子菜单中的不同命令，或直接双击文字对象，或在命令行中键入"Ddedit"，都将执行文字编辑命令。还可以直接选择文字，然后点击鼠标右键，在弹出菜单上选择"编辑多行文字"命令进行编辑。

　　启动编辑命令后，将出现和"多行文字"创建时一样的"在位文字编辑器"，可以在此"在位文字编辑器"中参照多行文字的设置方法，修改并编辑文字。

　　另外还可以用"对象特性"工具对文字进行更加全面的修改。

5.1.2.3　查找和替换文字

　　在工程图样中有时需要查找到所需的文字并进行更改，比如在明细栏中某个零件的名字要进行更改，如果用手工方式，必须浏览全部的明细栏才能查找到该零件，然后进行编辑修改；有时在图样中有多段相同的文字进行更改，对每段文字逐一编辑修改非常麻烦。在 AutoCAD2010 中使用"查找和替换文字"命令更改则方便得多。点击"文字"工具条中"查找和替换"图标 **⊕**，或从下拉菜单选择"编辑"→"查找"，或在命令行中键入"Find"，都将调出"查找和替换"对话框，如图 5-7 所示。

5.1.2.4　拼写检查

　　拼写检查可以对文字中是否有英文单词拼写错误进行检查。从下拉菜单选择"工具"→"拼写检查"，或在命令行中键入"Spell"，系统要求选择要检查的文本对象，选择后将打开"拼写检查"对话框，如图 5-8 所示。系统会将它认为的错误单词列出来，并给出与其相近的单词供修改时参考和选用。

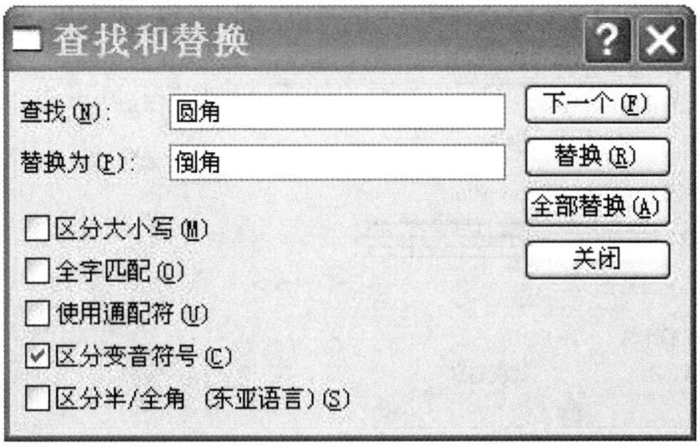

图 5-7 "查找和替换"对话框

图 5-8 "拼写检查"对话框

5.2 图 案 填 充

图案填充常常用于表现剖面和材质，图案的填充种类很多，在 AutoCAD2010 中提供了大量的填充图案选择。创建图案填充有两个关键问题：一个是确定填充的边界，即需定义的填充区域、范围；另一个是填充图案的特性。

在 AutoCAD 中，通过"图案填充和渐变色"命令（Bhatch） 和 Hatch 命令（该命令仅在命令行中可用），在弹出的"图案填充和渐变色"对话框中，可以填充封闭的区域或指定的边界，还可以设定填充图案的旋转角度，此对话框包括"图案填充"和"渐变色"两个选项卡，如图 5-9 所示。在这个对话框的右下角有个 按钮，点击这个按钮，对话框右边出现孤岛信息，如图 5-10 所示。

图 5-9 "图案填充和渐变色"对话框（一）

5.2.1 创建图案填充

5.2.1.1 图案填充是块

在图案填充中填充的图案是块，也就是说填充区域的所有元素都是一个对象。若不希望是一个对象，可以选择"修改／分解"命令将填充区域的所有元素分解为独立的对象。

5.2.1.2 确定图案填充的边界

图案填充的关键是确定图案填充的边界，而不是定义图案填充。给完整的对象填充图案是图案填充最简单的方法，但实际所要填充图案的区域往往是比较复杂的，这个边界一般要求为封闭，在定义边界时方法多种，可以通过"添加:拾取点"、"添加:选择对象"、"重新创建边界"等方法创建边界。

（1）"添加：拾取点"，通过给定封闭区域内一点，系统自动搜索绕该点最小的封闭区域。该方法灵活方便，是最常用的方法。

（2）"添加：选择对象"，直接选择对象作为填充边界，这要求事先要先绘制出边界。由于要先绘制边界，所以实际使用起来不是很方便。

（3）"删除边界"，就是在创建好的边界集中去除不当的边界，有点像"对象选择"中的"删除(R)"。

图 5-10　"图案填充和渐变色"对话框（二）

通过"查看选择集"还可以查看已经创建的边界集合。需要注意的是，如果填充边界内有文字、属性这样特殊的对象，且在选择填充边界时也选择了它们，在填充图案时这些对象会自动断开，使对象看起来更加清晰，如图 5-11 所示。

5.2.1.3　通过设置"允许的间隙"来填充非完全封闭的图形中

在 AutoCAD2010 中可以设定允许的间隙，通过该功能可以对有间隙、非完全封闭的图形进行图案填充。可以在"图形填充和渐变色"对话框的"允许的间隙"选项组中设定一个公差来忽略间隙，当设置的"公差"大于图中的间隙，也就是说间隙在设置公差的范围内时，该间隙可以忽略，填充效果如图 5-12 所示。

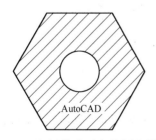

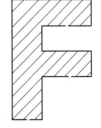

图 5-11　包括特殊对象的图案填充　　　　　图 5-12　设定"允许的间隙"后图案填充

5.2.1.4　使用填充图案

AutoCAD 2010 提供了实体填充以及多种行业标准填充图案，使用它们可以区分对象的部件或表示对象的材质。

填充的图案有很多，总的来说可以分为三种类型的图案：

（1）预定义图案。图案调色板中的图案，存放在 ACAD.pat 文件中；

（2）用户定义图案。这是用户可以自己定义的图案，只有两种形式，一种是平行直线，一种是两组互相平行的直线；

（3）自定义图案。这是用户事先预定好的图案。

5.2.1.5 创建关联图案填充

关联图案填充就是在修改边界后，填充的图案自动根据新的边界进行更新，如图 5-13 所示。而非关联图案填充则与它们的边界无关。

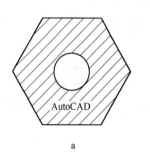
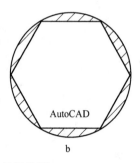

a   b

图 5-13 设定图案填充相关联

a—编辑前图形的图案填充样式；b—编辑后图形的图案填充样式

默认情况下，使用"图案填充和渐变色"命令 Bhatch 创建的图案填充区域是相关联的。任何时候都可以删除关联图案填充或者将默认设置修改为"创建非关联图案填充"。若不希望图案填充关联图形，可以在"图形填充和渐变色"对话框的"选项"选项组中将"关联"框对勾去掉，绘图效果如图 5-14 所示。

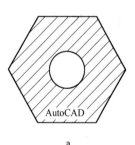
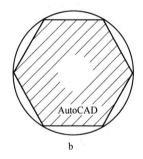

a   b

图 5-14 设定图案填充不相关联

a—编辑前图形的图案填充样式；b—编辑后图形的图案填充样式

5.2.1.6 设置孤岛

在进行图案填充时，AutoCAD 提供了"普通"、"外部"和"忽略"三种孤岛样式，如图 5-15 所示。

"普通"样式是从最外边界向里面画填充线，遇到与之相交的内部边界时断开填充线，遇到下一个内部边界时继续绘制填充线，如图 5-15b 所示；"外部"样式是从最外边界向里面画填充线，遇到与之相交的内部边界时断开填充线，不再往里绘制填充线，如

图 5-15c 所示；"忽略"样式是忽略边界内的对象，所有内部结构都被填充线覆盖，如图 5-15d 所示。

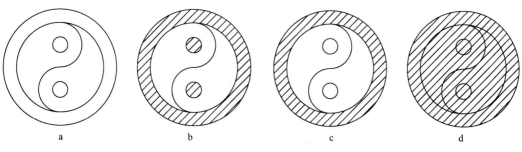

图 5-15 "孤岛样式"效果

a—未填充前的图形；b—"普通"样式；c—"外部"样式；d—"忽略"样式

5.2.2 编辑图案填充

我们可以使用"编辑图案填充"命令（Hatchedit）对图案填充进行方便、快捷的编辑和修改。

可以直接双击填充图案，弹出"图案填充编辑"对话框，通过它可将选择的填充图案进行编辑。也可以执行 Hatchedit 命令后，系统提示"选择图案填充对象"，选择需进行编辑的填充对象。

5.2.2.1 编辑图案填充边界

在"编辑图案填充"对话框中，使用"边界"区域中的选项可以添加、删除和重新创建边界。还可以在创建图案填充或编辑图案填充时添加或删除内部孤岛。

如图 5-16a 是带孤岛的填充对象，图 5-16b 使用"删除边界"选项，从填充中删除了一个孤岛。

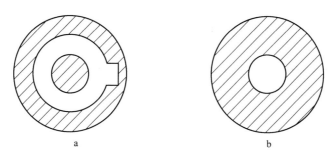

图 5-16 删除填充边界示例

a—带孤岛填充；b—删除边界后

5.2.2.2 计算图案填充面积

使用"特性"窗口中的"面积"特性，快速测量图案填充的面积，如图 5-17 所示。在图案填充上单击鼠标右键，然后单击"特性"即可查看其面积。如果选择多个图案填充，可以查看它们的总面积。

5.2.2.3 创建独立的图案填充

同一个填充图案同时应用于图形的多个区域时，选择图 5-9 中"创建独立的图案填充"复选框,可以指定每个填充区域都是一个独立的对象。我们可以修改其中一个区域中的图案填充。

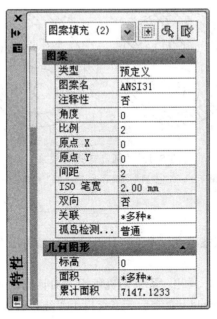

图 5-17 多个区域面积查询

5.2.2.4 图案填充原点特性

相同的填充编辑和填充图案特性,图案基于的原点不一样,得到的填充也不一样,如图 5-18 所示。

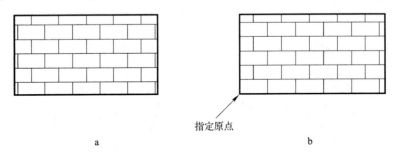

图 5-18 更改填充原点

a—使用当前原点;b—指定原点

5.2.2.5 修剪图案填充

可以按照修剪任何其他对象的方法来修剪图案填充对象,如图 5-19 所示。

5.2.2.6 图案填充新功能

在 AutoCAD 2010 版本里,我们可以使用夹点轻松更改非关联图案填充的范围。可以显示非关联图案填充对象的边界夹点控件。新版本可以使用这些夹点同时修改边界和图案填充对象,如图 5-20 所示。

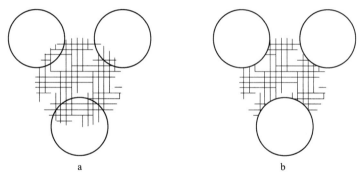

图 5-19　对填充图案进行修剪处理

a—修剪前；b—修剪后

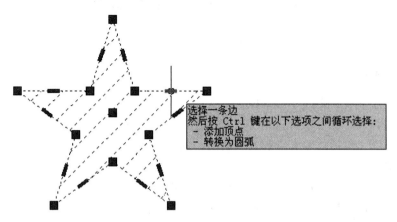

图 5-20　填充图案以及边界的编辑

　　将光标悬停在某个夹点上时，工具提示将显示该夹点的编辑选项。可以通过选择夹点并按 Ctrl 键在选项之间循环。夹点编辑选项根据图案填充边界的类型（多段线、圆、样条曲线或椭圆）而有所不同。通过顶点夹点，可以执行添加或删除操作。对于多段线线段，可以将边夹点转换为直线或圆弧。

　　如果图案填充边界未完全闭合，用户将始终无法成功创建图案填充。此时会检测到无效的图案填充边界，并显示红色圆，以显示问题区域的位置。退出"图案填充"命令 Hatch 后，红色圆仍处于显示状态，从而有助于用户查找和修复图案填充边界。再次启动"图案填充"命令 Hatch 时，或者如果输入"重画"命令 Redraw 或"重生成"命令 Regen，红色圆将消失。

6 尺 寸 标 注

图形表达了工程形体的形状，而通过对绘制图形尺寸的标注，可以清楚地表达其大小和加工精度等。AutoCAD 提供了强大的、完整的尺寸标注命令，我们可以使用它们完成图样上的尺寸标注。

6.1 尺寸标注的基本知识

首先我们了解一下尺寸在国家标准中的部分规定。

6.1.1 基本规则

（1）绘制图形的真实大小应以图样上所注的尺寸数值为依据，与图形的大小及绘图的准确程度无关。

（2）图样中（包括技术要求和其他说明）的尺寸，以毫米为单位时，不需标注计量单位的代号或名称，如采用其他单位，则必须说明相应的计量单位的代号或名称。

（3）图样中所标注的尺寸，为该图样所示机件的最后完工尺寸，否则应另加说明。

（4）机件的每一尺寸，一般只标注一次，并应标注在反映该结构最清晰的图形上。

6.1.2 尺寸的组成部分

通常情况下，每个完整的尺寸一般应由尺寸文字、尺寸线、尺寸界线及其尺寸箭头四部分组成，在 AutoCAD 中将构成尺寸的尺寸文字、尺寸线、尺寸界线及其尺寸箭头作为块来处理，具体表达方式如图 6-1 所示。

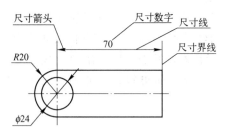

图 6-1　尺寸的组成部分

6.1.2.1 尺寸文字

尺寸文字一般应注写在尺寸线上方，也允许注写在尺寸线的中断处。但在同一张图样上，应尽可能采用同一种形式注写。如果尺寸界限内放不下尺寸文字，AutoCAD 将会自动将其放到外部。

6.1.2.2 尺寸线

尺寸线表示尺寸标注的范围，具体要求如下。

（1）尺寸线必须单独用细实线画出，不能用其他图线代替，一般也不得与其他图线重合或画在其延长线上。

（2）标注线性尺寸时，尺寸线必须与所标注的线段平行。

（3）当一处有几条尺寸线相互平行排列时，大尺寸要注在小尺寸的外面，以避免尺寸线与尺寸界线相交。

6.1.2.3 尺寸箭头

尺寸箭头位于尺寸线的两端，用于标记标注的起始和终点位置，同一张图样中所有箭头的大小应基本相同，不得混用。当采用箭头时，在地方不够的情况下，允许用圆点或斜线代替箭头，如图 6-2 所示。

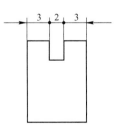

图 6-2　小尺寸注法

6.1.2.4 尺寸界线

尺寸界线用细实线绘制，并应由图形的轮廓线、轴线或对称中心线处引出，有时也可利用轮廓线、轴线或对称中心线作尺寸界线，如图 6-3 所示。尺寸界线一般应与尺寸线垂直，必要时允许倾斜，如图 6-4 所示。

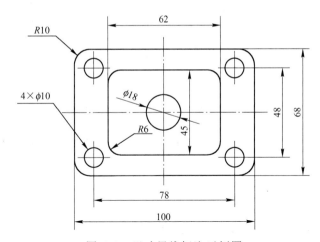

图 6-3　尺寸界线标注示例图

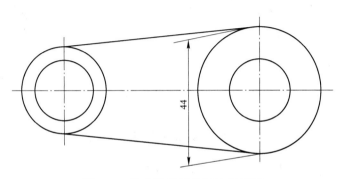

图 6-4　尺寸界线倾斜画法示例图

6.1.3 圆和圆弧的尺寸标注

当标注直径尺寸时，应在尺寸数字前加注符号"ϕ"；标注半径时，加注符号"R"，其尺寸线应通过圆心。圆的直径和圆弧半径的尺寸线的终端应画成箭头，如图6-5所示。

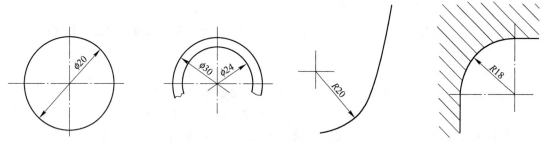

图 6-5   圆的直径及圆弧半径标注方法

当圆弧半径过大或在图纸范围无法标出其圆心位置时，可按图6-6所示的方法处理。

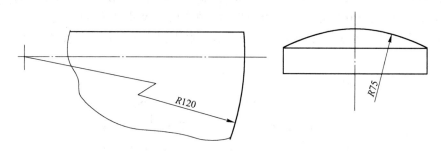

图 6-6   大尺寸的圆弧半径标注方法

当圆或圆弧半径过小或无足够的位置注写尺寸数字或箭头时，可按图6-7所示的方法处理。

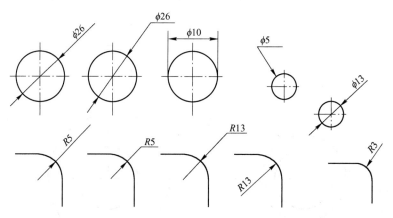

图 6-7   小圆和小圆弧标注方法

标注球的直径或半径时，应在"ϕ"前加"S"；标注半径时，加注符号"R"前加"S"，如图6-8所示。

当对称机件图形只画出一半或略大于一半时，尺寸线应略超过对称中心线或断裂处的边界线，此时仅在尺寸线的一端画出箭头，如图 6-9 所示。

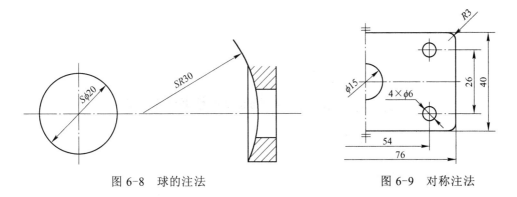

图 6-8　球的注法　　　　　　　　　图 6-9　对称注法

6.2　尺寸标注样式的设置

由于 AutoCAD 默认的尺寸标注的形式不完全适用于所有标注的场合，所以我们在用标注之前对尺寸的标注样式进行设定，使得其标注的样式符合我们国家的标准，也符合我们使用的标注方式。点击菜单"格式"→"标注样式"，弹出"标注样式管理器"对话框，如图 6-10 所示。

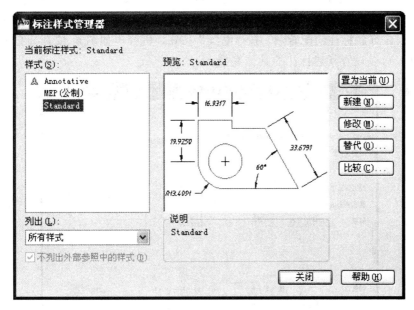

图 6-10　"标注样式管理器"对话框

我们可以通过标注样式对尺寸标注的尺寸文字、尺寸界线、尺寸线及尺寸箭头、主单位、公差等进行设定。

◇ 在"样式"中列出了所设定的所有样式，右侧"预览"中显示了选中样式的效果。

◇"新建"：重新创建新的标注样式。新建的样式可以是总的标注样式，也可以是某一子样式，比如仅适用于角度的样式。

◇ "修改"：修改现有的标注样式。

◇ "替代"：替换部分标注样式设置。

◇ "置为当前"：将选中的样式作为当前标注样式，在后面标注时将使用该种样式。

当我们使用"新建"按钮后，会弹出如图 6-11 所示的对话框，利用该对话框可以创建新的标注样式。

图 6-11 "创建新标注样式"对话框

◇ "新样式名"：输入新标准样式的名称。

◇ "基础样式"：从下拉列表框中选择一种基础样式，新样式将在该样式上进行更改。

◇ "用于"：可指定新建样式在哪些标注范围内使用，比如可以仅仅适用于角度标注。

选择某一类型标注后，新建的样式将成为"基础样式"中样式的子样式。

当我们设定好新标注的配置后，按"继续"按钮，则弹出如图 6-12 所示的对话框。利用该对话框，可以设置新建标注的具体参数。

图 6-12 "新建标注样式"对话框

6.2.1 设置直线

在"新建标注样式"对话框中,可以使用"线"选项卡对尺寸线和尺寸界线的样式进行设置,如图 6-12 所示。

(1)"尺寸线"

◇ "颜色"、"线型"、"线宽"为尺寸线设置颜色、线型和线宽。

◇ "超出标记":在使用斜线作如尺寸终端时,尺寸线超出尺寸界线和长度。

◇ "基线间距":使用基线标注时相邻两尺寸的尺寸线与尺寸线之间距离。

◇ "隐藏":控制第一和第二尺寸线是否显示。在标注对称尺寸时,可以通过该功能实现显示一半尺寸线。

(2)"延伸线"

◇ "颜色"、"线宽"的意义同"尺寸线"。

◇ "超出尺寸线":设置尺寸界线超出尺寸线的长度,如图 6-13 所示。

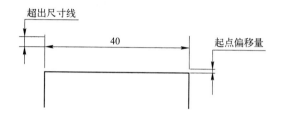

图 6-13 超出尺寸线的概念

◇ "起点偏移量":尺寸界线起点与检测点的偏移距离,如图 6-14 所示。

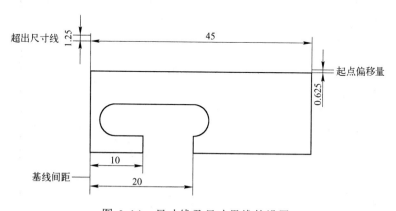

图 6-14 尺寸线及尺寸界线的设置

◇ "固定长度的尺寸界线":为尺寸界线指定固定的长度,适合于建筑、土木图样的标注。选中了"固定长度的尺寸界线"选项,尺寸界线将限制为指定的长度,如图 6-15 所示。

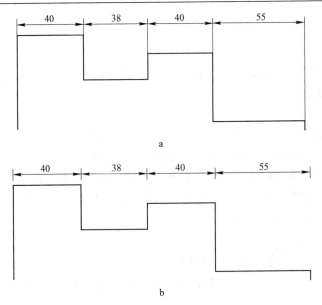

图 6-15　固定尺寸界线的长度

a—没有固定尺寸界线的长度时；b—固定尺寸界线的长度后

6.2.2　设置符号和箭头

在"新建标注样式"对话框中，我们可以使用"符号和箭头"选项卡对符号和箭头的样式进行设置，如图 6-16 所示。

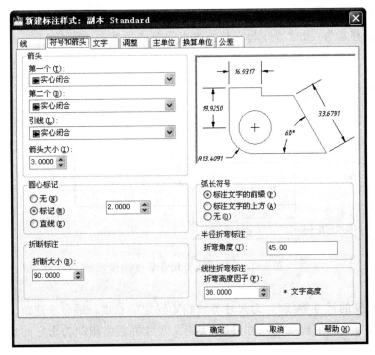

图 6-16　"符号和箭头"选项卡

（1）"箭头"。在该选项组中可以设定选择尺寸线箭头的形式和大小，在尺寸线的两端可以设置不同的尺寸线终端方式，包括引线标注的终端形式也在这里设置。默认情况下，尺寸线的两个箭头一致。

另外，AutoCAD 提供了"翻转标注箭头"功能，可以更改标注上每个箭头的方向。只需要在靠近箭头的尺寸线上选择后，然后单击鼠标右键，在快捷菜单中选择"翻转箭头"命令就可以对箭头进行翻转了。

（2）"圆心标记"。在该选项组中，可以设置圆心标记的类型和大小。如果选择"标记"复选框，可对圆或圆弧绘制圆心标记；如果选择"直线"复选框，可对圆或圆弧绘制中心线；如果选择"无"复选框，则不作任何标记。

（3）"弧长符号"。在该选项组中，可以设置弧长符号的标注样式，包含"标注文字的前缀"、"标注文字的上方"和"无"三个选项。

（4）"半径标注折弯"。在该选项组中，可以控制折弯的默认角度。

6.2.3 设置文字

在"新建标注样式"对话框中，可以使用"文字"选项卡设置尺寸标注文字的外观、放置位置和对齐方式，如图 6-17 所示。

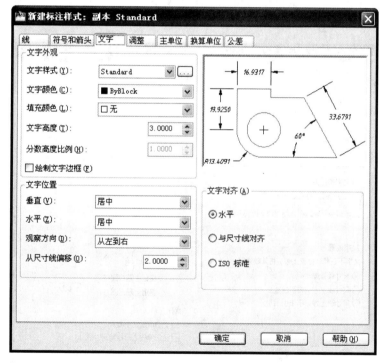

图 6-17 "文字"选项卡

（1）"文字外观"。在该选项组中，可以设置标注文字使用的文字样式、文字颜色、高度，以及是否绘制文字边框等。

（2）"文字位置"。在该选项组中，可以设置标注文字的垂直、水平位置以及从尺寸线上偏移量。

（3）"文字对齐"。在该选项组中，可以控制标注文字的方向是保持水平，还是与尺寸线对齐，或者按照 ISO 标准进行对齐。

◇　"水平"：无论尺寸线何种方向，文字水平放置，如图 6-18a 所示。

◇　"与尺寸线对齐"：文字方向与尺寸线方向一致，如图 6-18b 所示。

◇　"ISO 标准"：当文字在尺寸界线内时，文字与尺寸线平行。当文字在尺寸界线外时，
　　文字水平排列，如图 6-18c 所示。

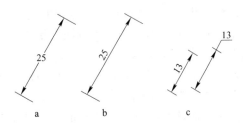

图 6-18　文字对齐示例

a—水平；b—与尺寸线对齐；c—ISO 标准

6.2.4　设置调整

在"新建标注样式"对话框中，可以使用"调整"选项卡设置尺寸文本、尺寸箭头、指引线和尺寸线的相对排列位置，如图 6-19 所示。

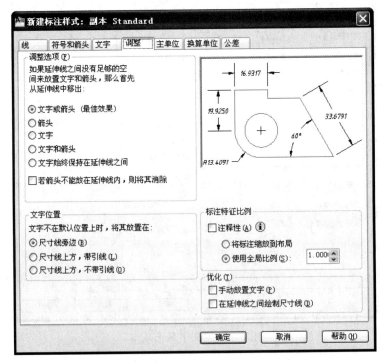

图 6-19　"调整"选项卡

（1）"调整选项"。该选项用来控制在尺寸界线之间的空间如何放置文字和箭头。

◇　"文字或箭头（最佳效果）"：当尺寸界线间的空间足够放置文字和箭头时，文字和

箭头都放在尺寸界线内。否则，将按最佳布局自动调整将文字或箭头从尺寸界线移出。这个选项是系统默认的，适用于大多数情况，但是对于直径标注使用该选项不符合我们国家标准，如图 6-20a 所示，所以我们可以选择其他方式标注来符合国家标准，如图 6-20b 所示。

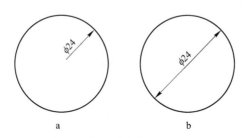

图 6-20 直径标注调整

a—"文字或箭头（最佳效果）"；b—"文字始终保持在尺寸界线之间"

（2）"文字位置"。该选项用来控制标注文字没有放在默认位置时，调整到的位置。具体标注效果如图 6-21 所示。

图 6-21 文字位置的调整

a—尺寸线旁边；b—尺寸线上方，带引线；c—尺寸线上方，不带引线

（3）"标注特征比例"。使用其中的"使用全局比例"可以对整个尺寸的外观进行缩放控制，具体标注效果如图 6-22 所示。

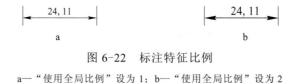

图 6-22 标注特征比例

a—"使用全局比例"设为 1；b—"使用全局比例"设为 2

6.2.5 设置主单位

在"新建标注样式"对话框中，可以使用"主单位"选项卡设置尺寸标注文字的主单位，如图 6-23 所示。

（1）"线性标注"。用来设置线性标注尺寸文字的单位格式以及精度等等。比如进行尺寸标注时如果希望取整，可以将精度设置为 0。

（2）"测量单位比例"。AutoCAD 标注的文字就是测量所标注线段的实际长度，如果希望标注的文字是测量长度的比例关系，也可以通过该设置来改变测量长度与所标注的文字之间的比例。

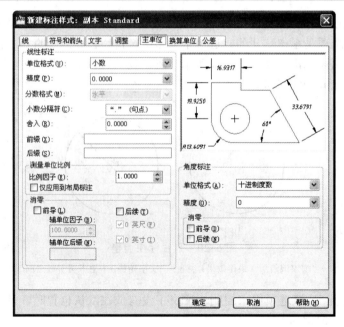

图 6-23 "主单位"选项卡

（3）"角度标注"。用来设置角度的单位格式以及精度等等。

6.2.6 设置公差

在"新建标注样式"对话框中，可以使用"公差"选项卡对是否标注尺寸标注的公差进行设置。如果在这里设置尺寸的公差，那么所有使用该尺寸样式的尺寸都会包含尺寸公差，如图 6-24 所示。

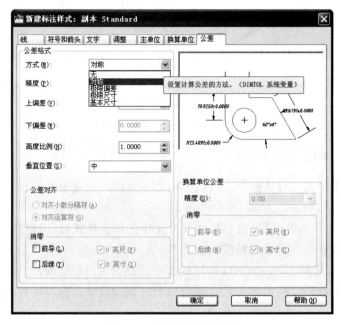

图 6-24 "公差"选项卡

公差格式：

◇ "方式"：可确定以何种方式标注公差，包括"无"、"对称"、"极限偏差"、"极限尺寸"、"基本尺寸"选项，具体标注效果如图 6-25 所示。

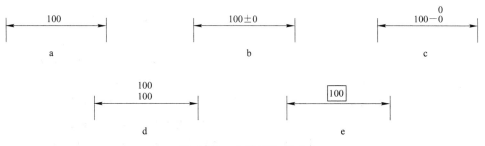

图 6-25 公差标注方式

a—"无"；b—"对称"；c—"极限偏差"；d—"极限尺寸"；e—"基本尺寸"

◇ "精度"：可对尺寸公差的精度进行设置。

◇ "上偏差"、"下偏差"：可对标注尺寸的上偏差和下偏差进行设置。

◇ "高度比例"：可确定公差文字的高度比例。按照国标要求，公差文字一般比正常尺寸文字小一号，这样就可以在该文本框中输入"0.7"。

◇ "垂直位置"：可控制公差文字相对于尺寸文字的位置，里面包含"上"、"中"、"下"三种显示方式，如图 6-26 所示。按照国标要求应该选择下方式。

◇ "消零"：用于设置是否消除公差值的前导或后续零。

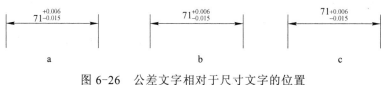

图 6-26 公差文字相对于尺寸文字的位置

a—"下"；b—"中"；c—"上"

6.3 尺寸标注的各种形式

AutoCAD 提供的尺寸标注功能包括线性标注、角度标注、弧长标注、半径标注、直径标注、对齐标注、连续标注、基线标注等，这些工具位于"标注"工具条上，如图 6-27 所示。

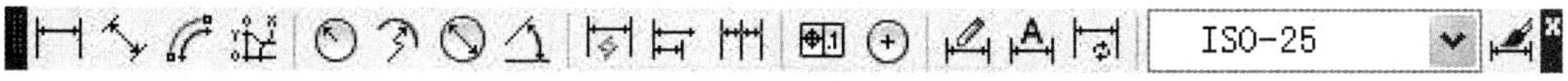

![标注工具条 ISO-25]

图 6-27 "标注"工具条

6.3.1 线性标注（Dimlinear）

线性尺寸是绘图中使用最多的尺寸标注形式，线性标注包括水平尺寸标注、垂直尺寸标注。

点击"标注"工具条中的"线性标注"图标，或通过菜单"标注"→"线性"命令，或在命令行中键入"Dimlinear"，都可进行线性尺寸标注。

命令:dimlinear

指定第一条尺寸界线原点或 <选择对象>:　　　　　（给定尺寸的起点或者直接选择对象，如果给定起点，则下面还需要第二点作为终点，如果直接选择对象，系统自动测量该对象的线性长度（水平或垂直方向））

指定第二条尺寸界线原点:　　　　　　　　　　　（给定尺寸的第二点）

指定尺寸线位置或[多行文字(M)/文字(T)/角度(A)/水平(H)/垂直(V)/旋转(R)]:

（这时可直接点取尺寸线的位置，标注结束）

默认情况下，可直接点取尺寸线的位置，系统将自动测量两尺寸界线之间水平或垂直方向距离标注出尺寸。其他选项含义如下：

◇ "多行文字(M)"：键入"M"后，弹出多行文字编辑框，可输入文字更改系统测定尺寸数值。

◇ "文字（T）"：键入"T"后，可以单行文字的形式直接输入标注文字。此时将会显示"输入标注文字 <I>:"提示我们输入标注文字。

◇ "角度(A)"：键入"A"后出现提示"指定标注文字的角度:"要求输入文字旋转角度。输入后，直接点取尺寸线的位置。

◇ "水平(H)"：输入"H"后，标注水平尺寸，出现以下提示"指定尺寸线位置或 [多行文字(M)/文字(T)/角度(A)]:"其中各项含义同上。

◇ "垂直(V)"：输入"V"后，标注垂直尺寸，出现以下提示"指定尺寸线位置或 [多行文字(M)/文字(T)/角度(A)]:"其中各项含义同上。

◇ "旋转(R)"：输入"R"后，将提示"指定尺寸线的角度 <0>:"可对旋转对象的尺寸线进行设置。

【例 6-1】 绘制如图 6-28 所示的图形，并进行尺寸标注。

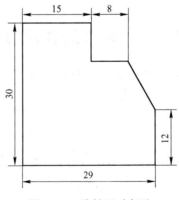

图 6-28　线性尺寸标注

命令: _dimlinear

指定第一条尺寸界线原点或 <选择对象>:　　　　　　（捕捉第一点）

指定第二条尺寸界线原点： （捕捉第二点）

创建了无关联的标注。

指定尺寸线位置或

[多行文字(M)/文字(T)/角度(A)/水平(H)/垂直(V)/旋转(R)]：

（指定尺寸线位置）

标注文字 = 29

命令：_dimlinear

指定第一条尺寸界线原点或 <选择对象>： （空回车，进入选择对象方式）

选择标注对象： （选择要标注的线段）

创建了无关联的标注。

指定尺寸线位置或

[多行文字(M)/文字(T)/角度(A)/水平(H)/垂直(V)/旋转(R)]：

（指定尺寸线位置）

标注文字 = 30

其他尺寸标注可以用上面两种标注方法之一进行标注。

6.3.2 对齐标注（Dimaligned）

对齐标注可对倾斜线段进行标注。

点击"标注"工具条中的"对齐标注"图标，或通过菜单"标注"→"对齐"命令，或在命令行中键入"Dimaligned"，都可以进行对齐标注。对齐标注是线性标注的一种特殊形式，其标注的过程和线性标注类似。

6.3.3 弧长标注（Dimarc）

弧长标注用于测量和显示圆弧或多段线弧线段上的距离。

弧长标注包括：

（1）标注文字上方或前面的弧长符号；

（2）从圆弧的起点到端点的尺寸线；

（3）显示圆弧的起点和端点的尺寸界线。

我们可以在"标注样式管理器"的"符号和箭头"选项卡中设置标注样式。

6.3.4 半径标注（Dimradius）

半径标注用来标注圆弧或圆的半径尺寸。

点击"标注"工具条中的"半径标注"图标，或通过菜单"标注"→"半径"命令，或在命令行中键入"Dimradius"，都可以进行半径标注。

国家标准规定当标注半径尺寸时，应在尺寸文本前加注符号"R"，在 AutoCAD 中进行半径标注时，系统会自动在尺寸文本添加符号"R"。

命令：_dimradius

选择圆弧或圆：

标注文字 = 45

指定尺寸线位置或 [多行文字(M)/文字(T)/角度(A)]:

可直接点取标注线的位置，系统将按照实际测量值标注出圆或圆弧的半径。我们也可使用括弧中的选项，各选项含义及使用上面已经讲述。需要指出的是，当通过"多行文字(M)"和"文字(T)"选项重新确定尺寸文字时，只有给输入的尺寸文字前加上前缀"R"，才能使标出的半径尺寸有半径符号"R"，否则没有该符号。

6.3.5　直径标注（Dimdiameter）

直径标注用来标注圆弧或圆的直径尺寸。

点击"标注"工具条中的"直径标注"图标，或通过菜单"标注"→"直径"命令，或在命令行中键入"Dimdiameter"，都可以进行直径标注。

国家标准规定当标注直径尺寸时，应在尺寸文本前加注符号"ϕ"，在 AutoCAD 中进行直径标注时，系统会自动在尺寸文本添加符号"ϕ"。

命令: _dimdiameter

选择圆弧或圆:

标注文字 = 80

指定尺寸线位置或 [多行文字(M)/文字(T)/角度(A)]:

可直接点取标注线的位置，系统将按照实际测量值标注出圆或圆弧的直径。我们也可使用括弧中的选项，各选项含义及使用上面已经讲述。需要指出的是，当通过"多行文字(M)"和"文字(T)"选项重新确定尺寸文字时，只有给输入的尺寸文字前加上前缀"%%C"，才能使标出的直径尺寸有直径符号"ϕ"。

有时标注径向尺寸不一定在带有圆或圆弧的视图上标注，而在非圆视图上标注，标注时用线性标注，尺寸文本前需要手工添加"ϕ"或"R"、"$S\phi$"或"SR"。其中的"ϕ"符号是无法直接通过键盘输入的，可以通过"%%C"输入，比如要标注"$\phi35$"，可以进行线性标注，在要求给定尺寸线位置时，输入"T"，然后输入"%%C35"，就可以得到"$\phi35$"。

6.3.6　折弯标注（Dimjogged）

如果圆弧或圆的圆心位于图形边界之外并且无法在其实际位置显示时，我们可以使用折弯标注（也称为"缩放的半径标注"）测量并显示其半径。可以在更方便的位置指定标注的原点（这称为中心位置替代）。

6.3.7　圆心标注（Dimcenter）

圆心标注用于在圆弧或圆上创建圆心标记或中心线。

点击"标注"工具条中的"圆心标记"图标，或通过菜单"标注"→"圆心标记"命令，或在命令行中键入"Dimcenter"，即可标注圆和圆弧的圆心。在执行命令时，只需选择需要标注圆心的圆和圆弧即可。

圆心标记的形式可以由系统变量 DIMCEN 设置。当该值大于 0 时，做圆心标记，且该值是圆心标记线长度的一半；当该值小于 0 时，画出中心线，且该值是圆心处十字线长度的一半。

6.3.8　角度标注（Dimangular）

角度标注可以对不平行并且共面的两直线间夹角或圆弧包角进行标注。

点击"标注"工具条中的"角度标注"图标，或通过菜单"标注"→"角度"命令，或在命令行中键入"Dimangular"，都可进行角度标注。

国家标准规定角度的数字一律注写成水平方向，一般注写在尺寸线的中断处。

6.3.9　基线标注（Dimbaseline）和连续标注（Dimcontinue）

在标注尺寸时，有时需要标注系列尺寸，如图 6-29 所示。基线标注是自同一基线处开始的多个尺寸标注。连续标注是首尾相连的多个标注。在创建基线或连续标注之前，必须创建线性、对齐或角度标注。

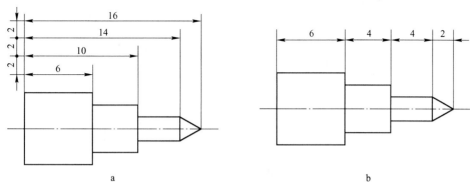

图 6-29　基线标注和连续标注

a—基线标注；b—连续标注

标注前可以在"标注样式管理器"中的"直线"选项卡下的"基线间距"设定"基线标注"中的相邻两尺寸线之间的距离，也可直接在命令行中键入"调整标注间距"命令 Dimspace 来设置。

6.3.10　快速标注（Qdim）

快速标注是智能型的标注，它包含了线性标注、直径半径标注、角度标注、连续标注、基线标注等。它能快速创建系列基线或连续标注，或者为一系列圆或圆弧创建标注。使用快速标注时，系统会自动识别出所选择的元素段，以确定采用何种标注。

点击"标注"工具条中的"快速标注"图标，或通过菜单"标注"→"快速标注"命令，或在命令行中键入"Qdim"，都可进行快速标注。

【例 6-2】　利用快速标注标注如图 6-30 所示的图线尺寸。

命令: _qdim

选择要标注的几何图形:找到 1 个

选择要标注的几何图形:找到 1 个，总计 2 个

选择要标注的几何图形:找到 1 个，总计 3 个　（选择需标注的三条线段，如图 6-30a、c 所示）

选择要标注的几何图形:

指定尺寸线位置或

[连续(C)/并列(S)/基线(B)/坐标(O)/半径(R)/直径(D)/基准点(P)/编辑(E)/设置(T)]

<连续>:   （输入选项或按 Enter 键）

结果如图 6-30b、d 所示。

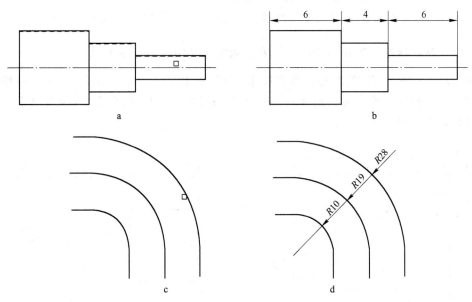

图 6-30 快速标注的应用

a—选择需标注的线段；b—确定标注位置，标注结束；

c—选择需标注的圆弧；d—确定标注位置，标注结束

7 块的定义与使用

块是重复利用图形内容的一个有效管理绘图项目的工具。在 CAD 图形中，经常会绘制许多相同的或者相近的图形对象，比如绘制标题栏、标准零件、规定的符号等。这时可以把要重复绘制的图形创建成块，在需要的时候插入到指定的图形中，从而提高绘图效率。在绘图过程中定义并使用块，其作用是便于修改图形、提高绘图速度、节省存储空间、可以添加非图形属性。

7.1 块 的 定 义

块是一个或多个图形对象形成的对象集合，这个集合是通过关联对象或称为"块定义"而形成的一个单一对象。当定义成块之后，系统会将块当作一个独立的对象来处理，即用户可以将块作为整体插入图中任意指定的位置，对块进行比例、缩放和旋转等操作。还可以将块定义分解为它的组成对象，修改后再定义成块。AutoCAD 会自动根据块修改后的定义更新所有当前的和将要用到的块参照。

块分为内部块和外部块两种。内部块是指创建的图块保存在定义该图块的图形中，只能在当前图形中应用，而不能插入到其他图形中。外部块与内部块的区别是：创建的图块作为独立文件保存，可以插入到任何图形中去，并可以对图块进行打开和编辑。

7.1.1 内部块的定义

7.1.1.1 定义没有属性的块

单击"绘图"工具条上的"创建块"按钮 ⬚，执行了创建块的命令之后，显示"块定义"对话框，如图 7-1 所示。利用该对话框可以将已经绘制的图形定义成块，并且可以对其命名。

图 7-1 "块定义"对话框

"块定义"对话框中主要有以下内容：

✦ "名称"：在编辑框中可输入要定义块的名称，最多可输入 255 个字符。当行中包含多个块时，还可以在下拉列表框中选择已存在的块。

✦ "基点"：基点就是在插入块时的插入点，比如要创建一个块——粗糙度符号，创建时，定义下端顶点为基点，那么在插入块时，插入点就为下端顶点。单击"选择点"按钮可在屏幕上选择块的基点，也可通过输入基点 X、Y、Z 坐标来定义基点。

✦ "对象"：用于设置组成块的对象。

✦ "设置"：用于指定块的设置。

【例 7-1】 将下列图 7-2 所示的图形创建成块，并且命名为"螺钉 GBYZ"。

（1）绘制如图 7-2 所示的图形。

（2）点击"绘图"工具条上的"创建块"按钮 ▣，弹出"块定义"的对话框，在对话框中的"名称"文本框中输入名称"螺钉 GBYZ"，如图 7-3 所示。

图 7-2　用于创建块的图形　　　　图 7-3　定义块"螺钉 GBYZ"的对话框

（3）在"基点"选项组中单击"拾取点"按钮，然后单击图形的圆点，确定基点的位置。

（4）在"对象"选项组的选择"转换为块"单选框，再单击"选择对象"按钮，切换到绘图窗口，使用窗口选择的方法，选择所有图形，然后按回车键返回"块定义"对话框。

（5）单击"块定义"对话框的"确定"按钮，结束定义块操作。

在定义块时，如果新块的名称与已经定义的块重名，系统将显示警告对话框，要求用户重新定义块名称。系统默认的插入点是坐标原点。定义图块后，构成图块的对象有时候会从绘图区域内消失，可以用 Oops 命令恢复该图形。

7.1.1.2　定义有属性的块

块还可以添加附加信息，在块中携带的信息可以在插入块后由用户重新定义，这些信息就称为块的属性。带有属性的块定义分两个步骤：首先定义属性，然后创建带有属性的块。

块属性的特点如下：

（1）属性定义在块定义以前。

（2）属性块定义后，属性以属性标志的形式显示在块中，当块插入时，在命令区将提示用户输入属性值，并显示在属性标志的位置上。

（3）属性在块定义前，可用 Change 命令对其进行修改。

（4）属性值可以单独提取，并可以数据文件的形式进行存贮。

（5）一个块可以有多个属性。

【例 7-2】 用块的形式创建粗糙度符号。按国家标准，表面粗糙度符号的定义如图 7-4 所示，图中 H 为字高的 1.4 倍。

（1）绘制如图 7-5 所示的图形。

命令: _polygon 输入边的数目 <4>: 3

指定正多边形的中心点或 [边(E)]:　　　　　　　　　（给定多边形的中心）

输入选项 [内接于圆(I)/外切于圆(C)] <I>: ↙　　　　（确认内接方式）

指定圆的半径:　　　　　　　（在屏幕上指定半径，并使最上面的一条边为水平）

命令: _explode　　　　　　　　　　　　　　　（将多边形分解以便拉长）

选择对象: 已找到 1 个

选择对象:

命令: _lengthen

选择对象或[增量(DE)/百分数(P)/全部(T)/动态(DY)]: p　　（百分比方式拉长）

输入长度百分数 <100.0000>: 200　　　　　　　　　（拉长两倍）

选择要修改的对象或 [放弃(U)]:　　　　　　　　　　（选择需延长的一边）

选择要修改的对象或 [放弃(U)]: ↙

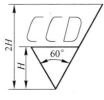

图 7-4 定义大属性的块　　　　　图 7-5 绘制图形

（2）点击菜单"绘图"→"块"→"定义属性"，弹出"属性定义"对话框，如图 7-6 所示。

（3）在"属性定义"对话框中，输入属性标记"CCD"，输入提示"输入粗糙度值"，在默认框内输入需要的默认值，一般我们输入这个文件中用得最多的值，例如：25。定义好属性后，选择文字设置，注意文字的高度。

（4）定义好"属性定义"对话框后，点击确认，回到绘图区，光标上出现 CCD 字样，将其放置到合适的位置，如图 7-7 所示。

（5）点击"绘图"工具条上的"创建块"按钮 ，弹出"块定义"的对话框，如图 7-8 所示。

图 7-6 "属性定义"对话框   图 7-7 定义好的属性

（6）在对话框中的"名称"文本框中输入名称"粗糙度块 1"，"基点"点取"拾取点"，在屏幕上选择如图 7-9 所示的端点。

图 7-8 "块定义"对话框   图 7-9 定义块的插入点

（7）点取"选择对象"，在屏幕上将绘制的图形和属性一起选中，单击右键或者回车，回到"块定义"对话框。

（8）点击"确定"，退出"块定义"对话框，这时出现一个"编辑属性"对话框，如图 7-10 所示，我们可以在这个对话框中确认块的属性；点击"确认"退出"编辑属性"对话框。

（9）带有属性的块定义结束。

7.1.2　外部块的定义

外部块可以通过 Wblock 命令来定义。用 Wblock 命令创建块实际上是创建一个新的图形文件，因此，它既可在本文件中使用，也可在其他文件中使用。

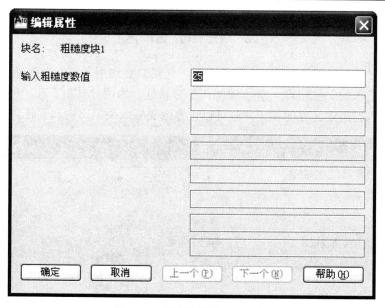

图 7-10 "编辑属性"对话框

在命令行输入"Wblock",将弹出"写块"对话框,如图 7-11 所示。与"块定义"对话框差不多,多了"文件名和路径"编辑框。在对话框中确定图块定义范围和输入块"基点"后,在绘图区选择对象,完成创建图块的操作。

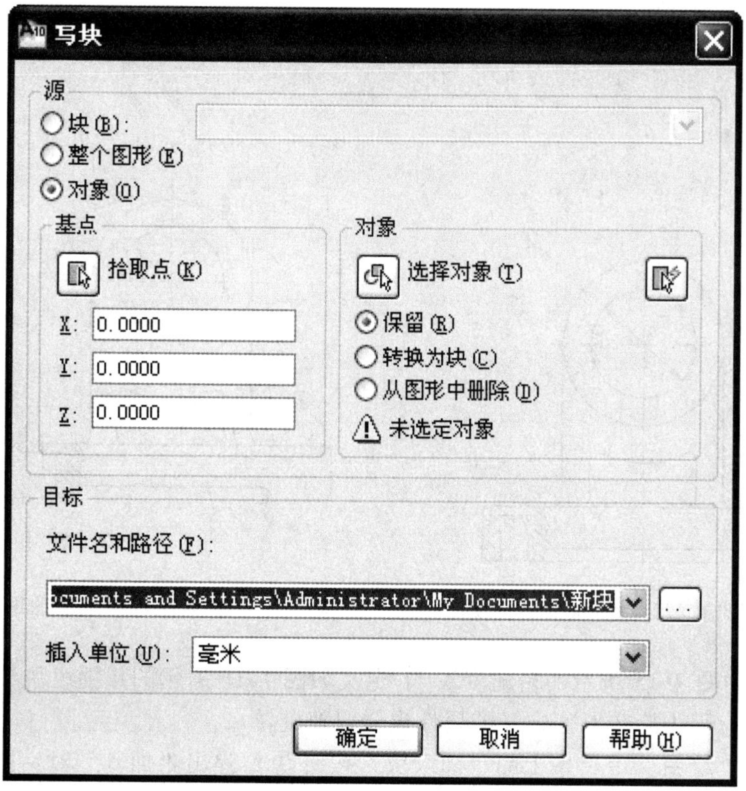

图 7-11 "写块"对话框

7.2 块 的 插 入

块定义好之后，就可以将块插入到图形中。这就需要调用"插入"命令。单击"绘图"
工具条上的"插入块"按钮，弹出"插入"对话框，如图 7-12 所示。利用该对话框可
以在图形中插入已经定义好的块，并且可以设置改变插入块的比例和旋转角度。

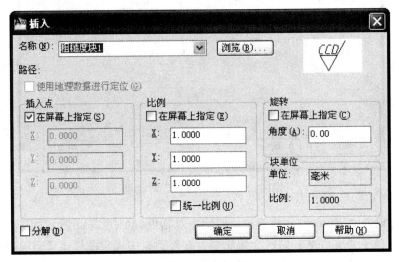

图 7-12 "插入"对话框

【例 7-3】 在图 7-13 所示的图形中插入前面定义的粗糙度块，插入的块后的图如图
7-14 所示。

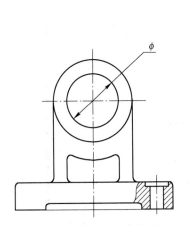

图 7-13 需要插入粗糙度块的零件视图

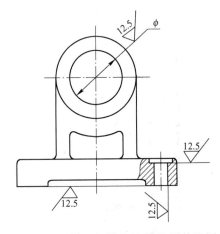

图 7-14 插入粗糙度块后的零件视图

（1）定义如图 7-15 所示的粗糙度块 1，定义如图 7-16 所示的粗糙度块 2。注意这两个
块要分别定义，因为旋转以后定义的属性也会跟随旋转。

（2）点击"绘图"工具条上的"插入块"按钮，弹出"插入"对话框，如图 7-12
所示。

图 7-15 粗糙度块 1

图 7-16 粗糙度块 2

（3）在名称下拉列表中选择"粗糙度块 1"，在"插入点"选项组中选择"在屏幕上指定"复选框，在"缩放比例"选项组中选择"统一比例"复选框，并在 X 文本框中输入"1"，在"旋转"选项组中选择"在屏幕上指定"复选框。

（4）点击"确定"回到绘图区，点击需要插入的地方，注意设置自动捕捉"最近点" ⊠，如图 7-17 所示。

（5）选择尺寸线上的端点，如图 7-18 所示，使得插入的块粗糙度符号垂直于尺寸线。

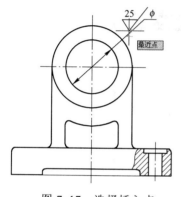

图 7-17 选择插入点

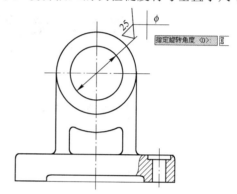

图 7-18 选择旋转角度

（6）在提示："输入粗糙度值"的时候输入"12.5"，如图 7-19 所示。

（7）回车，插入的粗糙度块如图 7-20 所示。

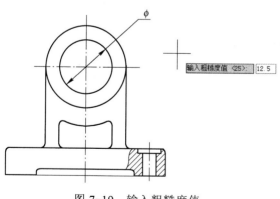

图 7-19 输入粗糙度值

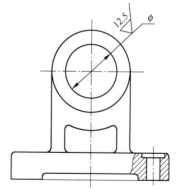

图 7-20 插入的粗糙度块 1

（8）同样的方法插入其他地方的块。

把块插入图形中，一个块可以插入无穷多次。

将插入的带有属性的块用 Explode 命令炸开一次后，其属性值就显示为属性标记。一个块可以定义多个属性，属性区分大小写字母。在属性提取的时候，一次可以提取多个图形文件中的属性。

7.3 动 态 块

　　动态块具有参数化的特性,具有灵活性和智能性。在使用时可以更改图形中的动态块参照,比如尺寸、方向、旋转等。如果在图形中插入一个门块参照,建筑中的门往往是系列尺寸的。就可以定义一个动态块,并且定义为可调整大小,那么只需拖动自定义夹点或在"特性"选项板中指定不同的大小就可以修改门的大小。用户可能还需要修改门的开启方向等。

　　我们可以使用块编辑器创建动态块。点击"标准工具条"中"块编辑器" 🖎,即可以打开"编辑块定义"对话框,如图 7-21 所示。选择要定义成动态块的图形,当前图形或已经存在的块。

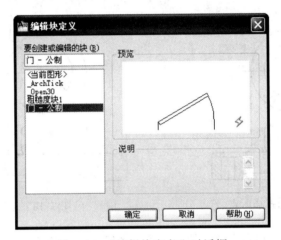

图 7-21 "编辑块定义"对话框

　　选择后则进入块编辑,如图 7-22 所示。块编辑器是一个专门的编写区域,用于添加能够使块成为动态块的元素。向块定义中添加参数后,会自动向块中添加自定义夹点和特性。使用这些自定义夹点和特性可以操作图形中的块参照。

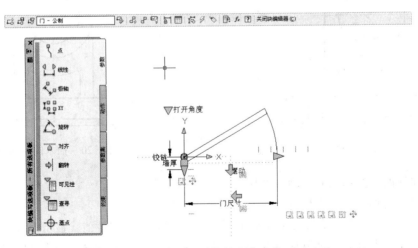

图 7-22 利用参数、动作等制作和修改动态块

8　三维建模基础

三维建模不同于二维绘图，由于建的模型是空间的，所以用的辅助工具也比二维多，一般简单的三维建模需要用到视图、用户坐标系、三维动态观察、视觉样式等几个常用的功能。

8.1　坐标系的基础知识

8.1.1　世界坐标系

系统默认的坐标系是世界坐标系,世界坐标系(WCS)是固定坐标系,用户坐标系 (UCS)是可移动坐标系。

我们以"AutoCAD 经典"模式进入软件，绘图区域左下角的坐标默认的是二维坐标系，如图 8-1a 所示。进入三维绘图环境，坐标系成三维轴测状态，如图 8-1b 所示。进入三维视觉样式后，坐标系变为彩色，如图 8-1c 所示。

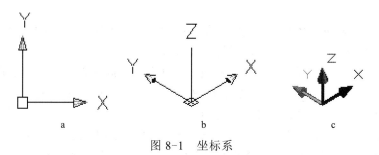

图 8-1　坐标系

a—二维坐标；b—三维坐标；c—三维视觉样式坐标

系统默认 X 轴箭头所指的方向为 0°，逆时针为正。我们如果绘制三维模型，系统默认 XOY 平面是绘制特征视图的平面，Z 轴是拉伸方向。

8.1.2　用户坐标系

除了世界坐标系，我们可以自己定义用户坐标系 UCS。UCS 对于输入坐标、定义图形平面和设置视图非常有用，同时，可将三维空间直角坐标系的原点和方向按解题需要方便灵活地进行多方位的平移、旋转等坐标系变换，并在新确定的空间直角坐标系中以 XOY 平面为基面作图。需要注意的是改变 UCS 并不改变视点，它只是改变了坐标系的方向和倾斜度。

用户可以通过命令对 UCS 定义：在任意工具条上右键，选择"UCS"工具条和"UCS II"工具条，如图 8-2 所示；或者选择菜单"视图"→"工具栏"，然后选择"UCS"。

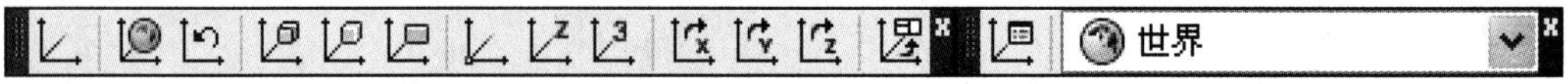

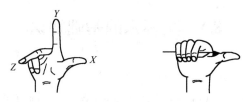

图 8-2 UCS 工具条、UCS Ⅱ工具条

在三维坐标系中，如果已知两个轴，比如 *X* 和 *Y* 轴，就可以使用右手定则确定 *Z* 轴正方向。将右手手背靠近屏幕，大拇指指向 *X* 轴正方向。如图 8-3 所示，伸出食指和中指，食指指向 *Y* 轴的正方向，中指所指示的方向即 *Z* 轴的正方向。还可以使用右手定则确定绕坐标轴旋转的正方向。将右手拇指指向轴的正方向，卷曲其余四指。右手四指所指示的方向即为该轴的旋转正方向。

图 8-3 右手定则

用户还可在命令行输入命令来定义 UCS 坐标系。

命令:UCS

当前 UCS 名称: *世界*

输入选项

[新建(N)/移动(M)/正交(G)/上一个(P)/恢复(R)/保存(S)/删除(D)/应用(A)/?/世界(W)] <世界>:

下面对用户常用的几个定义坐标系的方式进行介绍：

◇ "新建(N)" 方式：根据当前坐标系通过移动原点、或绕 *X*、*Y*、*Z* 轴旋转、或指定三点（新原点、新 *X* 轴上一点及新 *XY* 平面上一点）、或新 *Z* 轴矢量等方式建立新的用户坐标系。选择 "新建(N)" 方式后命令提示：

指定新 UCS 的原点或 [Z 轴(ZA)/三点(3)/对象(OB)/面(F)/视图(V)/X/Y/Z] <0,0,0>:

◇ "指定新 UCS 的原点"：通过指定点作为原点建立新的用户坐标系，*X*、*Y*、*Z* 轴方向保持不变，如图 8-4 所示。

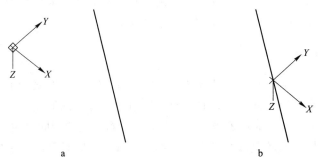

a   b

图 8-4 指定新 UCS 的原点

a—原来坐标系；b—指定新 UCS 的原点（直线中点）后

♦　"Z 轴(ZA)"：通过指定 Z 轴上两点建立新的用户坐标系。第一点为新原点，第二点为 Z 轴正方向上一点，Z 轴确定后，根据右手定则，确定 XOY 坐标平面。

♦　"三点(3)"：通过指定三点（坐标原点、X 轴正方向上一点、XY 平面上一点）建立新的用户坐标系。

♦　"X/Y/Z"：绕 X/Y/Z 轴旋转指定角度建立新的用户坐标系，根据右手定则可以判定旋转正角度。

8.2　三维视图设置

AutoCAD 提供了六个基本视图和三个等轴测视图来观察我们绘制的图形。右键点击任意工具条，选择"视图"工具条，弹出的"视图"工具条，如图 8-5 所示。

图 8-5 "视图"工具条

当我们新建文件的时候，系统默认的是俯视图，即 XOY 平面是俯视图所在的平面。在我们建立三维模型的时候，如果我们要建立一个水平放置的圆柱，那么我们直接绘制圆柱是无法得到的。我们可以通过用户坐标系 UCS 来建立新的坐标，我们也可以通过点击视图的方式转换 XOY 平面。

点击"视图"工具条上的"左视"按钮，这时候，模型显示转到左视图，再次点击"西南等轴测"按钮，这时候模型显示的是三维等轴测状态，不过这时候的 XOY 平面转到左视图平行的平面了，我们可以直接绘制水平放置的左视图。

【例 8-1】　利用"视图"转化绘制一个垂直的圆柱和一个水平的圆柱。

（1）新建一个文件，点击"三维隐藏视觉样式"，世界坐标系显示如图 8-6a 所示，其中的 XOY 平面是俯视图，我们可以直接绘制垂直放置的圆柱。

（2）点击"建模"工具条上的"圆柱"按钮，绘制一圆柱，在俯视图上显示如图 8-6 b 所示，这个视图上不反映圆柱的高。

（3）点击"视图"工具条上的"西南等轴测"按钮，显示的坐标和圆柱如图 8-6c 所示。

（4）点击"视图"工具条上的"左视"按钮，显示的坐标以及圆柱如图 8-6d 所示。

（5）点击"视图"工具条上的"西南等轴测"按钮，显示的坐标以及圆柱如图 8-6e 所示。

（6）点击"建模"工具条上的"圆柱"按钮，绘制一个圆柱，在轴测图上显示如图 8-6f 所示。

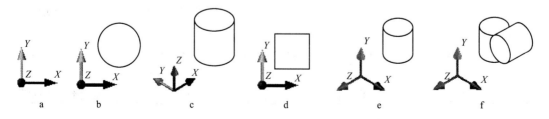

图 8-6　利用"视图"转化绘制模型

8.3   设置多个视口

前面介绍了视口的概念，我们可以在绘图的过程中将视口设置为多个。在三维建模中，视口的功能发挥得很好，例如我们可以设置四个视口，大的视口用来作图，小的视口分别从几个角度显示模型的情况。

根据个人习惯，一般视口可以采用"四个：相等"的样式，按"三视图"的规定，分别显示主视图、左视图、俯视图和轴测图，如图 8-7 所示。也可以按建模和观察的形式建立"四个：左"或者"四个：右"的样式分割视口，如图 8-8 所示。

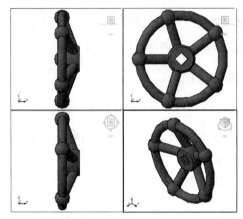   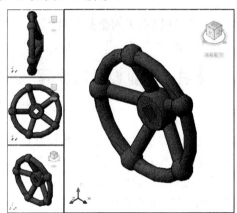

图 8-7 "四个：相等"视口   图 8-8 "四个：左"视口

8.4   模型空间与图纸空间

8.4.1   模型空间和图纸空间的概念

在绘图区的左下角处，系统提供了"模型"和"布局"选项卡。"模型"选项卡提供了一个无限的绘图区域，称为模型空间。在模型空间中，可以绘制、查看和编辑二维工程图和创建三维模型。"布局"选项卡提供了一个称为图纸空间的区域。在图纸空间中，可以放置标题栏、创建用于显示视图的布局视口、标注图形以及添加注释。

8.4.2   模型空间和图纸空间的关系

通过点击"模型"选项卡和"布局"选项卡，模型空间和图纸空间可以来回切换。图纸空间通过视口来显示模型空间中的内容。因此，如果模型空间中的二维几何元素或三维模型被删除，则在图纸空间的视口中当然也就无法显示那些被删除的内容。

AutoCAD 2010 提供了快速查看图形和快速查看布局的按钮，在状态栏的右下角，如图 8-9 所示。

快速查看布局   快速查看图

图 8-9 "快速查看"按钮

在图纸空间中也可以访问模型空间中的内容。系统提供了两种方法来实现这种访问：

（1）视口最大化。单击布局视口的边界，选中该视口。在状态栏上，单击状态栏上的"最大化视口"按钮。此时该视口将扩展为布满整个屏幕，并切换到模型空间。在模型空间可以对图形进行更改。要返回布局视口，可单击状态栏上的"最小化视口"按钮。此时，视口的中心点和比例的设置将还原回最大化该视口之前使用的设置。

（2）在视口中访问模型空间。如果要在视口中访问模型空间，可在布局视口中双击鼠标左键。此时，视口边界将变粗，且当前视口中只有十字光标可见。操作过程中，布局中的所有活动视口仍然可见。可以在"图层特性管理器"中冻结和解冻当前视口中的图层以及平移视图。要返回图纸空间，可双击视口外部布局中的空白区域。所做更改将显示在视口中。

8.4.3 图纸空间布局

默认情况下，新图形最开始有两个布局选项卡，即"布局1"和"布局2"。如果使用图形样板或打开现有图形，图形中布局选项卡可能以不同名称命名。

（1）添加一个未进行设置的新布局选项卡，然后在"页面设置管理器"中指定各个设置。

单击菜单"插入"→"布局"→"新建布局"。在命令行上输入新布局的名称。新布局选项卡即被创建。

单击选择新建的布局选项卡，切换到新布局，在该布局选项卡上单击鼠标右键，弹出如图 8-10 所示的快捷菜单，选择其中的"页面设置管理器"选项，打开"页面设置管理器"对话框，即可在该对话框中对布局进行页面设置。

图 8-10　布局选项卡上的右键快捷菜单

（2）使用"创建布局"向导创建布局选项卡并指定设置。

单击菜单"插入"→"布局"→"创建布局向导"。将打开如图 8-11 所示的"创建布局"向导"开始"窗口。在其中可以输入新创建的布局名称设置新的布局。

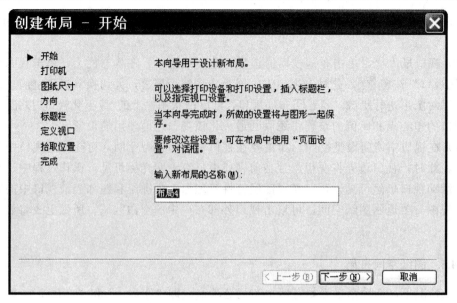

图 8-11 "创建布局－开始" 对话框

8.5　三维动态观察

除了六个基本视图和四个等轴测视图之外，我们观察三维模型还可以使用三维动态观察。三维导航工具允许用户从不同的角度、高度和距离查看图形中的对象。图 8-12 所示是"动态观察"工具条，包括"受约束的动态观察"、"自由动态观察"和"动态观察"。

图 8-12　"动态观察"工具条

◇ 受约束的动态观察 ⊕：沿 *XY* 平面或 *Z* 轴约束三维
　　动态观察。

◇ 自由动态观察 ⊘：不参照平面，在任意方向上进行动态观察。沿 *Z* 轴的 *XY* 平面
　　进行动态观察时，视点不受约束。

◇ 动态观察 ⊘：是指连续动态观察。连续地进行动态观察。在要使连续动态观察移动的方向上单击并拖动，然后松开鼠标按钮，动态观察沿该方向继续移动。

8.6　视　觉　样　式

对于三维模型的显示，我们可以选择多种视觉样式，从不同的样式来感觉建立的模型。图 8-13 所示是"视觉样式"工具条，这个工具条提供了五种不同的视觉样式。分别是：二维线框 ⊡、三维线框视觉样式 ⊗、三维隐藏视觉样式 ⊘、真实视觉样式 ●、概念视觉样式 ●。图 8-14 是模型的几种不同的视觉样式。

图 8-13　"视觉样式"工具条

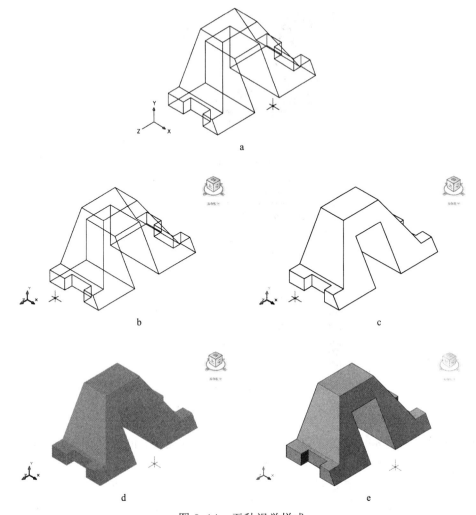

图 8-14 五种视觉样式

a—二维线框样式；b—三维线框视觉样式；c—三维隐藏视觉样式；d—真实视觉样式；e—概念视觉样式

视觉样式是一组设置，用来控制视口中边和着色的显示。更改视觉样式的特性，而不是使用命令和设置系统变量。一旦应用了视觉样式或更改了其设置，就可以在视口中查看效果。

我们还可以根据自己的需要修改视觉样式。点击"视觉样式"工具条上的"管理视觉样式"按钮 ，弹出"视觉样式管理器"对话框，如图 8-15 所示。

"视觉样式管理器"将显示图形中可用的视觉样式的样例图像。选定的视觉样式用黄色边框表示，其设置显示在样例图像下方的面板中。

显示功能区时，可以直接更改某些常用设置或打开视觉样式管理器。

◇ 二维线框 ：显示用直线和曲线表示边界的对象。光栅和 OLE 对象、线型和线宽均可见。

◇ 三维线框视觉样式 ：显示用直线和曲线表示边界的对象。

◇ 三维隐藏视觉样式 ：显示用三维线框表示的对象并隐藏表示后向面的直线。

图 8-15　"视觉样式管理器"对话框

◆ 真实视觉样式 ●：着色多边形平面间的对象，并使对象的边平滑化，同时将显示已
　 附着到对象的材质。
◆ 概念视觉样式 ●：着色多边形平面间的对象，并使对象的边平滑化。着色使用古氏
　 面样式，一种冷色和暖色之间的转场，而不是从深色到浅色的转场。效果缺乏真实
　 感，但是可以更方便地查看模型的细节。

在着色视觉样式中来回移动模型时，跟随视点的两个平行光源将会照亮面。该默认光
源被设计为照亮模型中的所有面，以便从视觉上可以辨别这些面。仅在其他光源（包括阳
光）关闭时，才能使用默认光源。

点击"视觉样式管理器"对话框的"创建新的视觉样式"按钮 ◎，还可以创建新的视觉
样式。点击按钮 ◎，弹出"创建新的视觉样式"窗口，在这个窗口我们可以定义视觉样式的
名称以及对其说明，如图 8-16 所示。新建的视觉样式以当前选择的样式为基础进行修改。

图 8-16　"创建新的视觉样式"窗口

9　三维建模实例

工程中的零件大多数是组合体，而组合体是由基本体通过一定的方式组合而成的。组合体的组合方式有叠加（并）、挖切（差）和共有（交）。

基本体常见的有棱柱、棱锥、圆柱、圆锥、球、圆环等，生成基本形体的方法有拉伸和旋转两种最基本的形式。

在 AutoCAD 中，零件图视图生成的方式有两种，一种是平面图形按"长对正、宽相等、高平齐"的"三等关系"绘制，另一种是建立三维模型，由三维模型向视图方向投影得到轮廓投影。前一种方法不需要掌握三维建模知识，但是对于比较复杂的零件，容易出现错误，对于一些不规则的截交相贯线，表达不够精确。由三维模型投影得到的视图，只要三维模型正确，投影得到的视图一般不会出现错误。

9.1　基本体生成的方法

在 AutoCAD 2010 中，给出了建立基本体的几个命令，如图 9-1 所示。前面 10 个按钮是建立常见基本体的命令，后面五个按钮显示建立基本形体的五种方法。

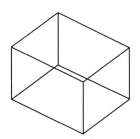

图 9-1　"建模"工具条

【例 9-1】　建立长 150，宽 120，高 100 的四棱柱（长方体），如图 9-2 所示。

图 9-2　建立的四棱柱（长方体）

方法一：命令栏输入尺寸数值。

点击"视图"工具条的"西南等轴测"按钮，绘图区域显示三维坐标。然后在命令行输入：

命令:_box

指定第一个角点或 [中心(C)]:

指定其他角点或 [立方体(C)/长度(L)]: 1

指定长度：150

指定宽度：120

指定高度或 [两点(2P)] <–150.0000>：100

方法二：动态输入尺寸数值。

（1）点击"视图"工具条的"西南等轴测"按钮，绘图区域显示三维坐标。

（2）点击"建模"工具条上的"长方体"按钮，在绘图区域任意位置左键点击确定长方体的一个顶点。

（3）在如图9-3所示的 X 轴方向的动态框里输入150。

（4）按键盘的"Tab"键，在如图9-4所示的 Y 轴方向的动态框里输入120，回车。

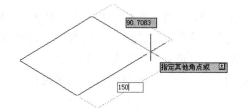　　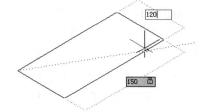

图 9-3　输入四棱柱（长方体）的长　　　　图 9-4　输入四棱柱（长方体）的宽

（5）在如图9-5所示的 Z 轴方向的动态框里输入100，回车，完成四棱柱（长方体）的建模。

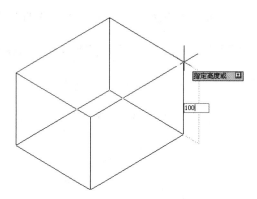

图 9-5　输入四棱柱（长方体）的高

AutoCAD 2010 中给出的基本体，其建立的命令说明和图例如表9-1所示。

表 9-1　常见基本体的建模

名　称	按　钮	说　　明	图　　例
多段体	🗇	创建类似于三维墙体的多段体	

名　称	按　钮	说　　明	图　　例
长方体		创建三维实体长方体	
楔体		创建三维实体楔体	
圆锥体		创建三维实体圆锥体	
球体		创建三维实体球体	
圆柱体		创建三维实体圆柱体	
圆环体		创建圆环形的三维实体	
棱锥体		创建三维实体棱锥体 （指定棱锥体的侧面数，可以输入 3～32 之间的数）	
螺旋		创建二维螺旋或三维弹簧	
平面曲面		创建平面曲面	

AutoCAD 2010 中给出基本形体建立的方法有五种，常用两种生成方式：拉伸和旋转。

【例 9-2】 建立如图 9-6 所示的 U 形板。

（1）点击"视图"工具条的"俯视"按钮 ▭，绘图区域显示俯视图所在的平面绘图区。

（2）点击"绘图"工具条上的"圆"按钮 ⊘，在绘图区域任意位置左键点击确定圆的圆心，输入半径 10，如图 9-7 所示。

（3）点击"绘图"工具条上的"直线"按钮 ╱，绘制如图 9-8 所示的直线。

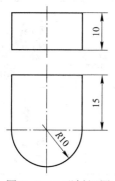

图 9-6 U 形板视图

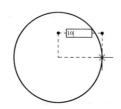

图 9-7 半径为 10 的圆

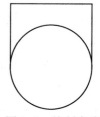

图 9-8 绘制直线

（4）点击"修改"工具条上的"修剪"按钮 ╫，将直线内的半圆修剪掉，如图 9-9 所示。

（5）点击"视图"工具条上的"西南等轴测"按钮 ◈，如图 9-10 所示，再点击"建模"工具条上的"拉伸" ⬆，输入拉伸高度 10，如图 9-11 所示。

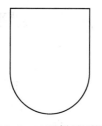

图 9-9 U 形板平面图形

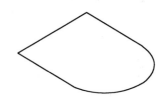

图 9-10 U 形板平面图形轴测视图

（6）点击"视觉样式"工具条上的"真实视觉样式"按钮 ⬤，建立的 U 形板如图 9-12 所示。

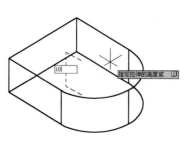

图 9-11 输入 U 形板的高

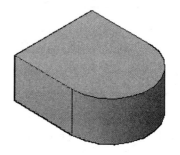

图 9-12 U 形板的轴测图

AutoCAD 2010给出的基本形体建立的五种方法,其建立的命令说明和图例如表9-2所示。

表 9-2　基本形体建立的五种方法

方　法	按　钮	说　　　明	图　　例
拉　伸		将二维对象或三维面的标注延伸到三维空间	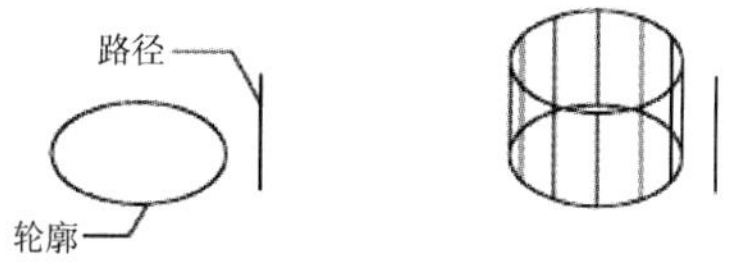
按住并拖动		按住或拖动有边界区域	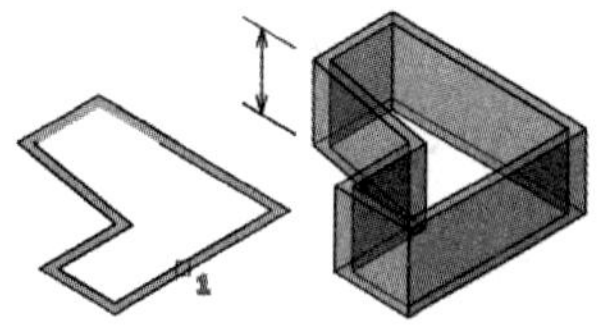
扫　掠		通过沿路径扫掠二维对象来创建三维实体或曲面	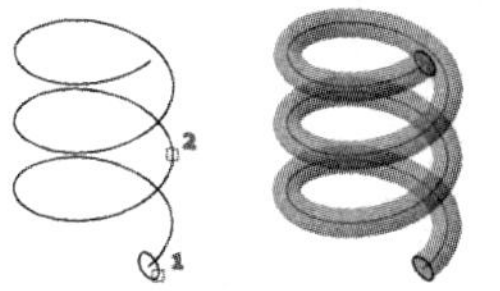
旋　转		通过绕轴扫掠二维对象来创建三维实体或曲面	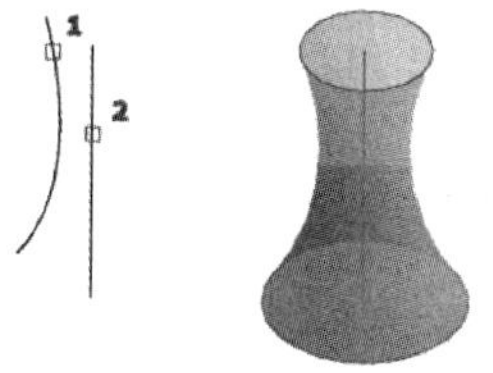
放　样		在若干横截面之间的空间中创建三维实体或曲面	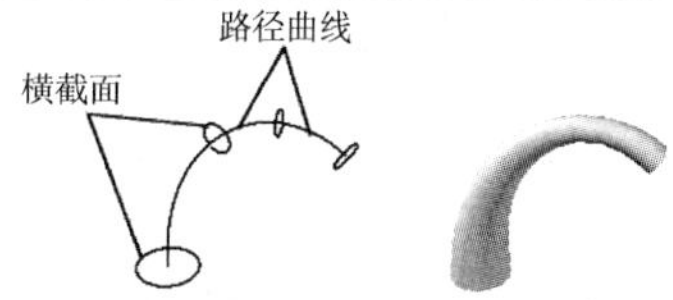

9.2　组合体生成的基本方法

基本体通过布尔运算形成组合体,布尔运算有"并集"⚭、"差集"⚭和"交集"⚭。这三个命令按钮在"建模"工具条和"实体编辑"工具条上都有。

【例9-3】　建立如图9-13所示的组合体。

(1)点击"视图"工具条的"西南等轴测"按钮◊,绘图区域显示三维坐标。

(2)点击"建模"工具条上的"圆柱"按钮▢,在绘图区域任意位置建立半径为9、高为20的圆柱。

(3)再点击"建模"工具条上的"圆柱"按钮▢,在上一个圆柱右边象限点的地方建立半径为9、高为20的圆柱,如图9-14所示。

(4)点击"实体编辑"工具条上的"并集"按钮⚭,选择这两个圆柱(没有先后次序),

回车确认，两个圆柱合并成一个组合体结构，如图 9-15 所示。

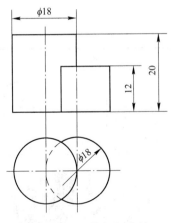

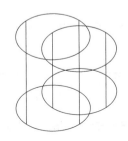

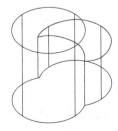

　图 9-13　叠加组合体　　　　图 9-14　两个独立的圆柱　　　图 9-15　两个圆柱合并

AutoCAD 2010 给出的组合体建立（布尔运算）的三种方式如表 9-3 所示。

表 9-3　布尔运算的三种方式

布尔运算	按　钮	说　　　明	图　　　例
并　集		通过"加操作"来合并选定的三维实体、曲面或二维面域	
差　集		通过"减操作"来合并选定的三维实体、曲面或二维面域	
交　集		通过"重叠实体"、"曲面"或"面域"创建三维实体、曲面或二维面域	

【例 9-4】 利用布尔运算建立如图 9-16 所示的三维立体。

（1）点击"视图"工具条的"俯视"按钮，绘图区域显示俯视图所在的平面绘图区。

（2）利用"绘图"工具条和"修改"工具条，在俯视图绘制如图 9-17 所示的平面图形。

（3）点击"绘图"工具条上的"面域"按钮，选择图 9-17 的圆弧和直线（没有先后次序），生成面域。

（4）点击"视图"工具条的"西南等轴测"按钮，绘图区域显示三维坐标。

（5）点击"建模"工具条上的"拉伸"按钮，形成底板结构，如图 9-18 所示。

（6）点击"建模"工具条上的"圆柱"按钮，建立圆柱，圆柱的圆心设置在底板上面的中心点，如图 9-19 所示。

（7）点击"实体编辑"工具条上的"并集"按钮，将底板和圆柱合成一体。

（8）点击"建模"工具条上的"圆柱"按钮，建立圆柱，圆柱的圆心设置在底板下面的中心点，如图 9-20 所示。

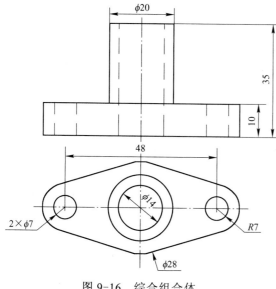

图 9-16 综合组合体

图 9-17 底板形状特征视图

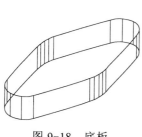

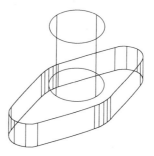

图 9-18 底板

图 9-19 底板和圆柱

（9）点击"实体编辑"工具条上的"差集"按钮 ，选择合并的底板结构减去中间的圆柱，点击"视觉样式"工具条上的"真实视觉样式"按钮 ，建立的组合体如图 9-21 所示。

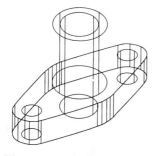

图 9-20 三个被减去的圆柱

图 9-21 组合体三维模型

9.3   三维模型实例一

下面我们以几个球阀装配体中几个典型的零件为例，建立三维模型。

【例 9-5】 如图 9-22 所示的填料座的视图，建立其三维模型。

填料座是个轴套类零件，结构相对简单，从零件图分析可以得到，其三维模型可以通过平面图形绕轴线旋转 360° 得到。

（1）点击"视图"工具条的"主视"按钮，绘图区域显示俯视图所在的平面绘图区。

（2）利用"绘图"工具条和"修改"工具条，在俯视图绘制如图 9-23 所示的平面图形。

（3）点击"绘图"工具条上的"面域"按钮，选择图 9-23 的封闭的圆弧和直线（没有先后次序），生成面域。

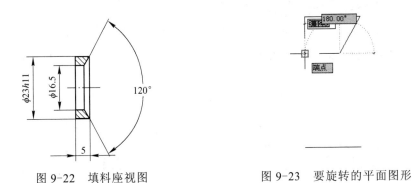

图 9-22　填料座视图   图 9-23　要旋转的平面图形

（4）点击"建模"工具条上的"旋转"按钮，选择面域为旋转对象，选择面域外的直线为旋转轴，输入旋转角度 360°，如图 9-24 所示。

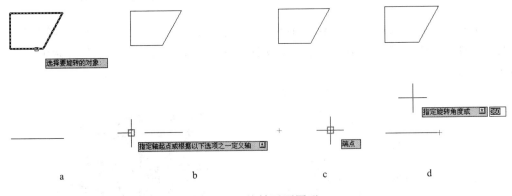

图 9-24　旋转平面图形

（5）点击"视图"工具条的"西南等轴测"按钮，显示填料座的三维模型轴测图，如图 9-25 所示，点击"视觉样式"工具条上的"三维隐藏视觉样式"按钮，建立的组合体如图 9-26 所示。

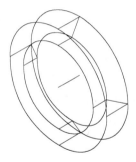

图 9-25　填料座轴测图　　　图 9-26　三维隐藏视觉样式的填料座轴测图

9.4　三维模型实例二

球阀的手轮是个轮盘类结构，其轮辐结构是圆柱，但其方向与我们的六个基本视图既不平行也不垂直，所以采用自定义用户坐标系的方向最合适。对于均布的轮辐在 AutoCAD 2010 中可以用三维阵列得到。

【例 9-6】　根据图 9-27 所示的手轮的视图，建立其三维模型。

（1）根据图 9-27 视图可知，手轮的圆环体其特征视图在左视图位置，点击"视图"工具条的"左视"按钮囗，再点击"视图"工具条的"西南等轴测"按钮◇，绘图区域显示轴测图状态，并且坐标系的 *XY* 平面在左视图所在平面。

（2）点击"建模"工具条上"球体"命令○，绘制直径为 32 的球；利用"绘图"工具条上的"直线"命令，绘制两条和球心相对位移分别为（0，0，8）和（0，0，-8）的辅助直线，如图 9-28 所示。

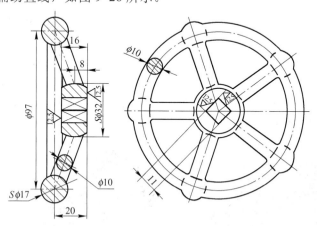

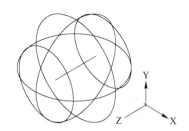

图 9-27　手轮视图　　　　　　　图 9-28　手轮中间的球体

（3）点击菜单"修改"下面的"三维操作"下面的"剖切"命令🔪，选择和"*XY*"平行的剖切平面，选择和球心相对位移为（0，0，8）的辅助直线前端点，剖切结果保留后面部分；再次剖切，选择和"*XY*"平行的剖切平面，选择和球心相对位移为（0，0，-8）的辅助直线后端点，剖切结果保留前面部分，两次剖切结果如图 9-29 所示；辅助直线用完就可以删除了。

　　（4）点击"建模"工具条上的"圆环"按钮◎，在任意位置建立直径 97，圆管直径 10 的圆环。

　　（5）利用"绘图"工具条的画圆命令⊙，在圆环的圆心处画一个直径 97 的圆；利用"建模"工具条上的"球体"命令○，在圆的后面的象限点处画一个直径为 17 的球，如图 9-30 所示。

　　（6）在剖切的球体上，绘制一条和球心相对位移为（0，0，12）的辅助直线；移动线球和圆环体，使得圆环体的圆心达到辅助直线的端点，如图 9-31 所示，辅助直线用完就可以删除了。

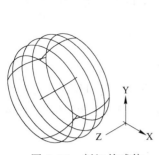
图 9-29　剖切的球体

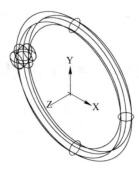
图 9-30　圆环和小球

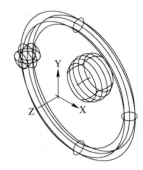
图 9-31　移动到正确的位置

　　（7）在剖切的球体上，以球心为圆心，以 32 为直径绘制一个辅助圆；从圆环小丘的球心到辅助圆的后面的象限点绘制一条辅助直线，作为后面自定义用户坐标系的 Z 轴。

　　（8）点击"UCS"工具条上的"UCS 管理用户坐标系"按钮↳，或者在命令栏输入"UCS"，采用"ZA"选项，选择小球球心为新的坐标原点，辅助直线在剖切球上的端点为 Z 轴正方向，如图 9-32 所示。

　　（9）点击"建模"工具条上的"圆柱"按钮▢，以新坐标原点为圆心，半径为 5，高度为 42，建立轮辐，如图 9-33 所示。

　　（10）点击"UCS"工具条上的"UCS 管理用户坐标系"按钮↳，回到世界坐标系。

　　（11）点击"建模"工具条上的"三维阵列"按钮🈸，选择圆环上的小球和轮辐圆柱为阵列对象，环形阵列，阵列 5 个，以圆环体的圆心为阵列圆心，以剖切的球体球心为旋转轴的第二点，其三维旋转的结果如图 9-34 所示。

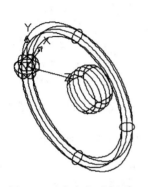
图 9-32　自定义坐标系

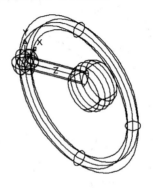
图 9-33　建立轮辐圆柱

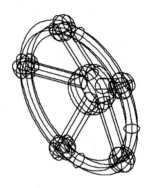
图 9-34　三维阵列

（12）点击"实体编辑"工具条上的"并集"按钮⚙，选择圆环、5个小球以及5个轮辐圆柱，将它们合并成一体；点击"视觉样式"工具条上的"概念视觉样式"按钮⚫，手轮的初步形状如图9-35所示。

（13）点击"视图"工具条的"左视"按钮▣，在手轮视图的旁边绘制一边长为11的菱形，生成面域如图9-36所示。

（14）将面域拉伸16，点击"视图"工具条的"西南等轴测"按钮◈，连接菱形柱一个端面的对角线作为移动的辅助线，将菱形柱移动到手轮中间要打孔的位置，如图9-37所示。

（15）点击"实体编辑"工具条上的"差集"按钮⚙，用手轮减去菱形柱，形成菱形孔，如图9-38所示，删除所有的辅助线，手轮三维模型建立完毕。

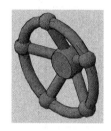 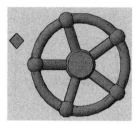  

图9-35　手轮初步形状　　图9-36　创建菱形面域　　图9-37　菱形柱移进手轮　　图9-38　手轮三维模型

9.5　三维模型实例三

压盖螺母外形是个正六边形的六角头螺母，两端带有倒角，但它不是标准件，里面是阶梯孔，有一段内螺纹。对于标准螺纹，我们简化为光孔，其原因是零件图视图表达标准螺纹的时候只画大径和小径，不画具体的螺纹。

【例9-7】　根据图9-39所示的压盖螺母的视图，建立其三维模型。

（1）根据图9-39视图可知，压盖螺母的特征视图在左视图位置，点击"视图"工具条的"左视"按钮▣，用"绘图"工具条上的"正多边形"按钮⬠绘制一正六边形，其外接圆半径为25，如图9-40所示。

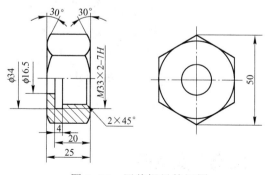 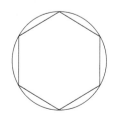

图 9-39　压盖螺母的视图　　　　　　　　图 9-40　正六边形

（2）点击"视图"工具条的"西南等轴测"按钮◈，绘图区域显示轴测图状态，并且

坐标系的 *XY* 平面在左视图所在平面；点击"拉伸"按钮，将正
六边形拉伸 25，如图 9-41 所示。

（3）点击"视图"工具条的"前视"按钮 ▣，绘制如图 9-42
所示的平面图（螺纹大径为 33，我们简化螺纹小径为 31）。

（4）点击"绘图"工具条上的"面域"命令 ▣，生成面域，
注意首尾相连成封闭线框才可以生成面域。

（5）点击"建模"工具条上的"旋转"按钮 ▣，选择面域
为旋转对象，选择如图 9-43 所示的直线为旋转轴，旋转而成的
结构如图 9-44 所示。

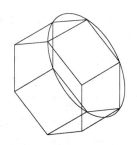

图 9-41　拉伸成正六棱柱

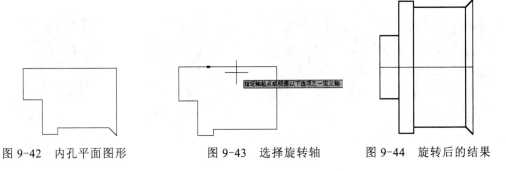

图 9-42　内孔平面图形　　　　图 9-43　选择旋转轴　　　　图 9-44　旋转后的结果

（6）点击"编辑"工具条上的"移动"按钮 ✛，将生成的内孔结构移动到六棱柱里面，
注意相对位置，如果难以确定相对位置，可以采用绘制辅助线的方式，在六棱柱一端绘制
圆或者在六棱柱一端绘制对角线等。

（7）点击"实体编辑"工具条上的"差集"按钮 ◉，将六棱柱减去旋转得来的内孔结
构，如图 9-45 所示。

（8）点击"视图"工具条上的"东南等轴测"按钮 ◈，生成的压盖螺母如图 9-46 所示。

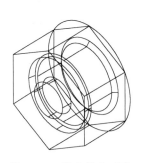

图 9-45　移动并生成孔

图 9-46　压盖螺母轴测图

9.6　三维模型实例四

　　球阀阀体是个箱壳类零件，是球阀用来连接其他管道结构和承载阀门等结构的。阀体
的中间是个球被前后两个平面截去一部分所形成的结构，阀体的左右法兰是圆柱形连接面

板，面板上有四个均布的连接用的通孔。连接法兰和球体结构的是圆柱。球阀上部是和阀盖配合的圆柱结构，中间开有圆柱内螺纹（简化为光孔），上端圆环面板上有两道油沟。阀体中间抽空，壁厚均匀，球体空腔内油隔离面板，将球体空腔分为左右两个部分，面板中间开有圆柱和圆台阶梯孔。

【例 9-8】 根据图 9-47 所示的阀体的视图，建立其三维模型。

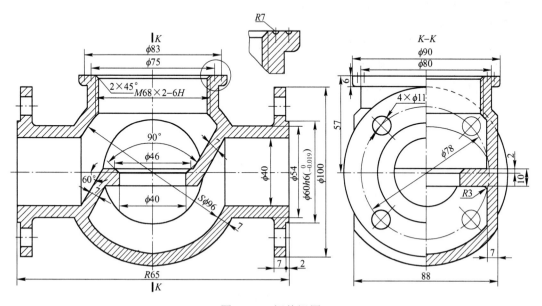

图 9-47 阀体视图

（1）建立阀体中间的球体结构。

1）新建文件，保存为"阀体"。点击"视图"工具条上的"西南等轴测"按钮，绘图区域显示进入三维空间，点击"建模"工具条上的"球体"按钮，绘制一个半径为 55 的球体。

2）点击"绘图"工具条上的"直线"命令，绘制相对于球心（0，44，0）和（0，-44，0）的两条辅助线，画直线可以利用相对坐标的方法，也可以直接利用动态输入，如图 9-48 所示。注意这时候绘制的直线在 XY 平面内，或者平行于 XY 平面。

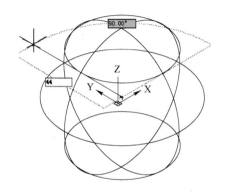 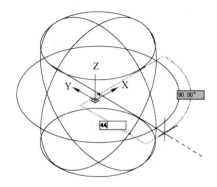

图 9-48 绘制辅助直线

3）点击"修改"→"三维操作"→"剖切"，选择球体为剖切对象，剖切平面选择"ZX"，意思是剖切平面和 ZX 平面平行，选择辅助直线的端点，将球体剖切成如图 9-49 所示的结构。注意剖切时，可以保留两个侧面，然后删除不需要的一侧，这样可以方便操作，而减少因为三维空间保留一侧点选择不准带来的误操作，其命令窗口显示如下：

命令: _slice

选择要剖切的对象: 找到 1 个

选择要剖切的对象:

指定 切面 的起点或 [平面对象(O)/曲面(S)/Z 轴(Z)/视图(V)/XY(XY)/YZ(YZ)/ZX(ZX)/]

指定 ZX 平面上的点 <0, 0, 0>:

在所需的侧面上指定点或 [保留两个侧面(B)] <保留两个侧面>: b

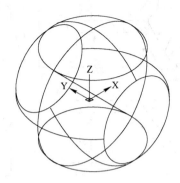

图 9-49 剖切的球体

（2）建立上端面与球体的连接圆柱。

1）点击"建模"工具条上的"圆柱"按钮，建立一个直径为 80，高为 51 的圆柱；

2）点击"实体编辑"工具条上的"并集"按钮，将圆柱与球体合并成一体，如图 9-50 所示。

（3）建立左右法兰与球体的连接圆柱。

1）点击"视图"工具条上的"左视"按钮，再点击"西南等轴测"按钮；或者使用 UCS，将世界坐标系定义为绕 Y 轴旋转-90°，如图 9-51 所示。

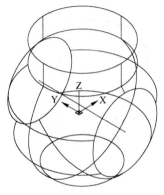

图 9-50 上端圆柱

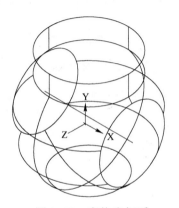

图 9-51 变换坐标系

2）点击"建模"工具条上的"圆柱"按钮◻，建立一个直径为 54，高为 165 的圆柱；绘制圆柱两个端面圆心的连线作为移动的辅助线。

3）移动圆柱到剖切好的球体，使得辅助直线的中点到球体的球心，如图 9-52 所示。

4）删除辅助线，点击"实体编辑"工具条上的"并集"按钮◎，将圆柱和球体合并成一体，如图 9-53 所示。点击"视觉样式"工具条上的"真实视觉样式"按钮●，显示的结果如图 9-54 所示。

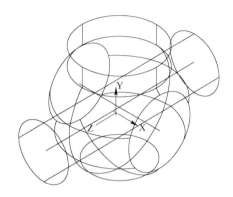

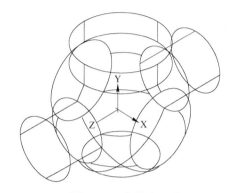

图 9-52　左右圆柱　　　　　　　　　　　　图 9-53　合并成一体

（4）抽壳生成空腔。点击"实体编辑"工具条上的"抽壳"命令◙，选择实体，删除三个面，分别是上端面、左右端面，输入 7，实现抽壳。注意输入的距离是由原有面向内抽壳是正，向外抽壳是负。删除三个面，在选择不方便的时候可以使用"动态观察"工具条上的"受约束的动态观察"按钮✛来旋转实体，这个"受约束的动态观察"命令是透明命令，可以穿插在其他命令中间使用。抽壳的结果如图 9-55 所示，实施的命令如下：

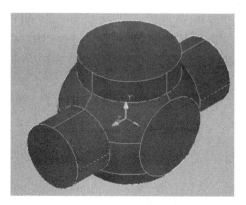

图 9-54　"真实视觉样式"下的模型　　　　　图 9-55　抽壳的结果

命令: _solidedit
实体编辑自动检查: SOLIDCHECK=1
输入实体编辑选项 [面(F)/边(E)/体(B)/放弃(U)/退出(X)] <退出>: _body
输入体编辑选项
[压印(I)/分割实体(P)/抽壳(S)/清除(L)/检查(C)/放弃(U)/退出(X)] <退出>: _shell
选择三维实体:

删除面或 [放弃(U)/添加(A)/全部(ALL)]: 找到一个面,已删除 1 个。

删除面或 [放弃(U)/添加(A)/全部(ALL)]: 找到一个面,已删除 1 个。

删除面或 [放弃(U)/添加(A)/全部(ALL)]: '_3dorbit 按 ESC 或 ENTER 键退出,或者单击鼠标右键显示快捷正在恢复执行 SOLIDEDIT 命令。

删除面或 [放弃(U)/添加(A)/全部(ALL)]: 找到一个面,已删除 1 个。

删除面或 [放弃(U)/添加(A)/全部(ALL)]:

输入抽壳偏移距离: 7

已开始实体校验。

已完成实体校验。

输入体编辑选项

[压印(I)/分割实体(P)/抽壳(S)/清除(L)/检查(C)/放弃(U)/退出(X)] <退出>: '_3dorbit 按 ESC 或 ENTER 键退出,或者单击鼠标右键显示快捷菜单。

正在恢复执行 SOLIDEDIT 命令。

输入体编辑选项

[压印(I)/分割实体(P)/抽壳(S)/清除(L)/检查(C)/放弃(U)/退出(X)] <退出>: X

实体编辑自动检查: SOLIDCHECK=1

输入实体编辑选项 [面(F)/边(E)/体(B)/放弃(U)/退出(X)] <退出>: X

(5)建立左右连接法兰。

1)点击"视图"工具条上的"左视"按钮 🔲,绘制如图 9-56 所示的平面图形,生成六个面域(最好在"二维线框"视觉样式下进行,因为在"真实视觉样式"和"概念视觉样式"等下,最大的面域将覆盖小的面域,看不清楚)。

2)点击"实体编辑"工具条上的"差集"按钮 ⑩,选择最大的圆面域减去里面五个小圆面域,得到大圆上有五个圆孔的面域。

3)点击"建模"工具条上的"拉伸"按钮 🗔,选择上一步得到的面域,拉伸 7,得到左右法兰;选择"视图"工具条上的"西南等轴测"按钮 ◈,法兰结构如图 9-57 所示。

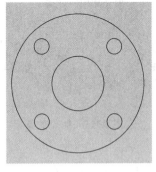

图 9-56 左右法兰的平面图形

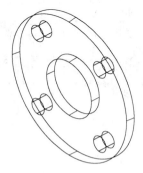

图 9-57 左右法兰

4)点击"修改"工具条上的"复制"按钮 ⚙,将生成的法兰再复制一个。

5)将左右法兰移动正确的位置,注意左右法兰在原有阀体主结构的左右端面往里两个长度,移动后用"动态观察"工具条上的"受约束的动态观察"按钮 ⊕ 将结构旋转一下,看看位置是否正确；如果位置正确，选择"实体编辑"工具条上的"并集"按钮⊙⊙，将左右法兰和阀体主体结构合并，如图 9-58 所示；点击"视觉样式"工具条上的"真实视觉样式"按钮●，真实感下的结构如图 9-59 所示。

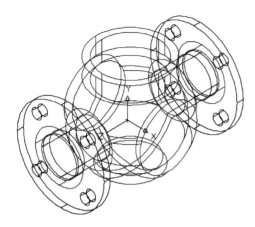

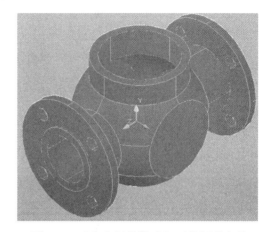

图 9-58 连接左右法兰的阀体主体　　　　图 9-59 "真实视觉样式"下的阀体主体

6）回到"左视"视图下，可以点击"标准"工具条上的"回到上一个视图"按钮🔍，或者点击"视图"工具条上的"左视"按钮🔲，在"二维线框"状态下绘制两个圆，直径分别为 60 和 40，生成面域。

7）点击"实体编辑"工具条上的"差集"按钮⊙⊙，将大的面域减去小的面域，生成圆环面域，如图 9-60 所示。

8）点击"建模"工具条上的"拉伸"按钮🗗，将圆环面域拉伸两个长度，生成圆柱桶，到"西南等轴测"状态下观察，其结果如图 9-61 所示。

9）将圆柱桶复制成两个，移动到阀体主体上，注意左边左对齐，圆心定位，右边右对齐，圆心定位，移动后的结果如图 9-62 所示。

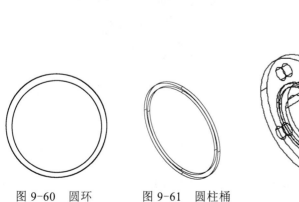

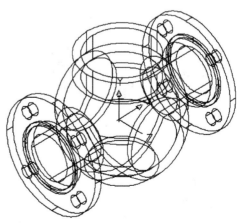

图 9-60 圆环　　　　图 9-61 圆柱桶　　　　图 9-62 将圆柱桶移到阀体主体

10）将圆柱桶和阀体实体合并，生成一体。

（6）建立上端面板以及油沟。

1）点击"视图"工具条上的"前视"按钮▤，在主视图上绘制如图9-63所示的平面图形；注意两个半圆结构旋转以后就是油沟。

图 9-63　上面连接面板的平面图形

2）点击"绘图"工具条上的"面域"命令▣，选择上面首位相连的封闭的平面图形，生成面域。

3）点击"建模"工具条上的"旋转"按钮▤，选择面域，旋转360°，生成上端面如图9-64所示；点击"西南等轴测"按钮◈，点击"真实视觉模式"●，旋转结构如图9-65所示。

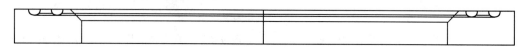

图 9-64　旋转而成的上端面

4）将上端面结构移动到阀体主体上，选择上端面结构的底面圆心为基点，移动到阀体主体结构顶面圆心处，选择"并集"按钮⬤，将上端面合并到阀体主体上，其结果如图9-66所示。

图 9-65　"西南等轴测"的上端面

图 9-66　带有上端面的阀体主体结构

（7）建立中间的分割面板。

1）点击"前视"按钮▤，绘制如图9-67g所示的平面图形，注意球体的轴线作为辅助线保留。步骤如下：

① 点击"绘图"工具条上的"圆"命令⊙，绘制一个直径为96的圆，如图9-67a所示；

② 右键点击"状态栏"上的"捕捉"按钮▤，弹出一个"草图设置"对话框，如图 9-67b 所示，选择"象限点"框◇ ☑象限点(Q)，注意不要选择"最近点"框✕ □最近点(R)；

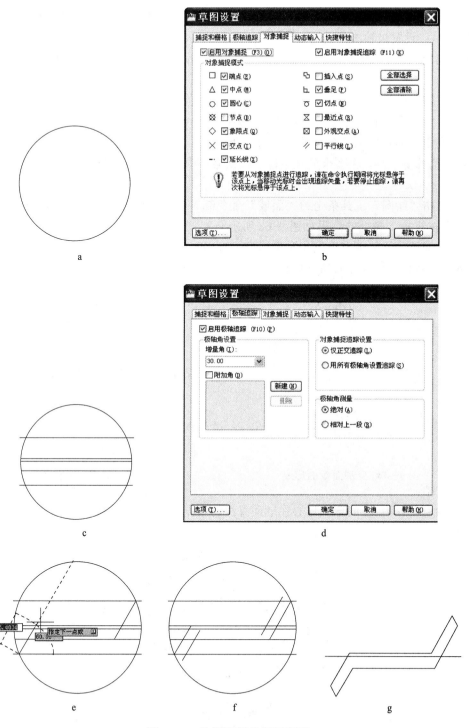

图 9-67 分割面板的平面图形

③ 点击"直线"按钮✏️，从圆的左边象限点绘制一条到右象限点的直线；点击"偏移"按钮📖，将直线向上偏移 2，向下偏移 8；再次偏移这条轴线，向上向下分别偏移 20，如图 9-67c 所示；

④ 右键点击"状态栏"上的"极轴追踪"按钮 ⑤，弹出"草图设置"对话框，如图 9-67d 所示；设置极轴增量角为 30°；

⑤ 利用"对象捕捉"和"极轴追踪"，绘制两条倾斜 60° 的直线，如图 9-67e 所示；

⑥ 点击"偏移"按钮 ⑤，将两条倾斜 60° 的直线分别往里偏移 7，并利用"编辑"工具条上的"延长"命令 ┈╱ 延长至圆边界，如图 9-67f 所示；

⑦ 利用"编辑"工具条上的"修剪"命令 ╱┈，将多余的线条段修剪掉（可以将所有的直线作为修剪边界，将多余的线条段在一次命令中修剪成功）。修剪后的结果如图 9-67g 所示。

2）点击"绘图"工具条上的"面域"命令 ◎，选择生成面域，拉伸 74，点击"西南等轴测"按钮 ◎，拉伸的结果如图 9-68 所示。

3）在辅助轴线的中点绘制相对坐标为（0，0，37）的直线，如图 9-69 所示。这个直线的端点是我们阀体的球心所在的位置。

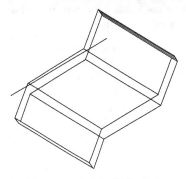
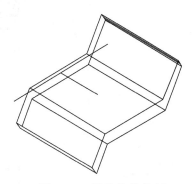

图 9-68　分割面板的形成　　　　　　图 9-69　辅助线的绘制

4）绘制直径为 96 的球，球心在辅助直线的端点，如图 9-70 所示。

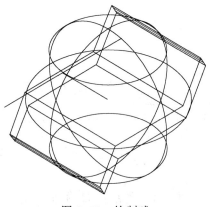

图 9-70　绘制球

5）点击"实体编辑"工具条上的"交集"按钮 ◎，选择球体和分割面板拉伸结构，得到如图 9-71 所示的结构。

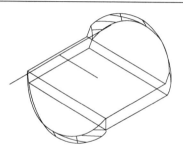

图 9-71 求共有部分

6）点击"视图"工具条上的"前视"按钮，绘制如图 9-72 所示的平面图形，注意绘制一条辅助直线，其一个端点为球心所在，步骤如下：

① 右键点击"状态栏"上的"极轴追踪"按钮，弹出"草图设置"对话框，如图 9-72a 所示；设置极轴增量角为 45°；

② 选中"状态栏"上的"对象捕捉"和"对象追踪"，点击"绘图"工具条上的"直线"按钮，绘制如图 9-72b 所示长为 20 的直线；

③ 接着绘制高为 10 的直线，如图 9-72c 所示；

④ 绘制长为 23 的直线，如图 9-72d 所示；

⑤ 绘制角度为 45° 的直线，注意和下面的端点对齐，如图 9-72e 所示；

⑥ 合成封闭的多边形，如图 9-72f 所示；点击"绘图"工具条上的"面域"命令，将首尾相连的封闭线条生成面域；

⑦ 在如图 9-72g 所在位置绘制一条长为 8 的直线，作为移动的辅助线。

a

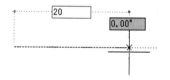

b

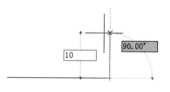

c

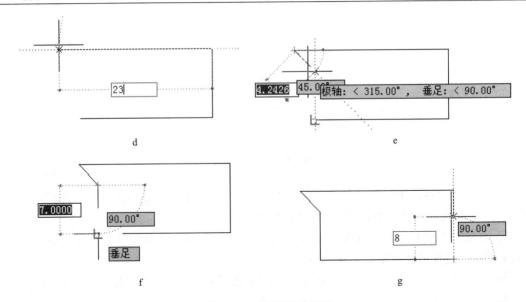

图 9-72   绘制平面图形

7）点击"建模"工具条上的"旋转"按钮🔄，选择图 9-72 中首尾相连封闭的平面图形，选择右边的垂直直线为旋转轴，生成如图 9-73a 所示的结构；点击"西南等轴测"按钮🔷，要打的孔如图 9-73b 所示。

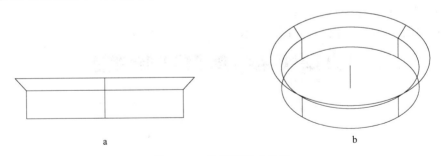

图 9-73   分割面板上的孔

8）移动孔到分割面板上，移动的基点是图 9-73 所示的中间直线的上端点，到分割面板上的辅助线，如图 9-74 所示。

9）点击"实体编辑"工具条上的"差集"按钮⚙️，将面板减去孔结构；点击"真实视觉样式"按钮🔵，分割面板如图 9-75 所示；将面板移动到阀体主体结构中，选择面板上垂直辅助线的上端点，移动到阀体主体的球心，如图 9-76 所示。

10）利用"动态观察"工具条上的"受约束的动态观察"按钮⊕，将阀体转过一定的角度，观察分割面板在阀体中间的位置是否正确，如图 9-77 所示；检查以后，点击"实体编辑"工具条上的"并集"按钮⚙️，将面板合并到阀体主体中。到这里，球阀阀体零件建模过程完成，由于阀体的内部结构相对复杂，用"视图"工具条上的各个方向的视图均无法直接观察，所以，下面我们用命令检查一下内部结构。

（8）检查整体结构。

1）点击菜单"修改"→"三维操作"→"剖切"，选择阀体为剖切对象，剖切平面选

择和 *XY* 平面平行，在前后对称面上的任意一个圆心处点击一下，选择保留两侧，将阀体分为前后两个部分，删除前面部分，其命令如下：

命令：_slice

选择要剖切的对象：找到 1 个

选择要剖切的对象：

指定 切面 的起点或 [平面对象(O)/曲面(S)/Z 轴(Z)/视图(V)/XY(XY)/YZ(YZ)/ZX(ZX)/三点(3)] <三点>: xy

指定 XY 平面上的点 <0,0,0>:

在所需的侧面上指定点或 [保留两个侧面(B)] <保留两个侧面>: b

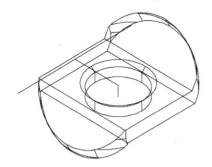

图 9-74　将孔移到分割面板

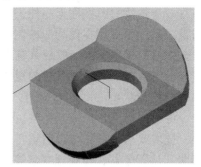

图 9-75　分割面板

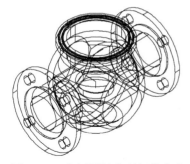

图 9-76　分割面板移到阀体主体

图 9-77　"真实视觉样式"检查面板位置

2）剖切留下的结构如图 9-78 所示，点击"动态观察"工具条上的"受约束动态观察"按钮 🔁，旋转留下的部分，检查其结构，尤其是内部的分割面。

3）检查正确后，点击"标准"工具条上的"放弃"按钮 ↩，一直到剖切命令执行之前，然后删除辅助直线。得到的阀体三维模型如图 9-79 所示。

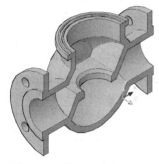

图 9-78　剖切一半的阀体

图 9-79　阀体三维模型

10 零 件 图

10.1 零件图的基础知识

表达一个零件的图样称为零件工作图，简称零件图。零件图是制造和检验零件合格与否的依据。每一个专用零件均应绘制零件图。

一张完整的零件图，一般应具有下列内容：

（1）一组视图。用一定数量的视图、剖视图、剖面图等完整、正确、清晰地表达出零件的内外结构形状。

（2）足够的尺寸。正确、完整、清晰、合理地标注出制造、检验该零件所需的尺寸。

（3）技术要求。标注与说明该零件加工、检验时所需的要求，如尺寸公差、表面粗糙度、形状和位置公差、热处理要求等。

（4）标题栏。填写零件的名称、材料、数量、图号、比例、制图及校核等人员的签名和日期。

图 10-1 所示为球阀中手轮的零件图。应当注意：一个零件的零件图，应尽可能由一张图纸绘制而成，复杂零件可由几张图纸绘制而成，但一张图纸上只能是同一个零件的不同视图。

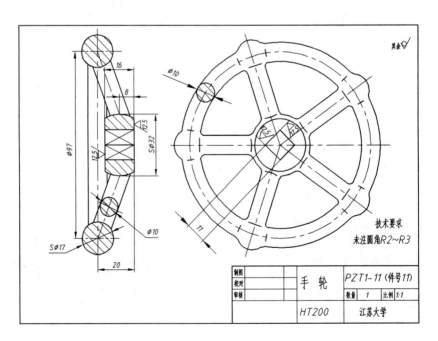

图 10-1　手轮零件图

10.2　三维模型到二维视图

零件图中最重要的是视图，AutoCAD 中绘制视图有两种方法，一种是直接绘制二维图形，另一种是建立三维模型，由三维模型投影得到二维图形。这里我们由三维模型向二维视图投影得到平面视图。

【例 10-1】　建立如图 10-2 所示的三维模型，将此三维模型投影成二维三视图。

（1）新建文件，右键点击任意工具条，调出三维建模常用的"建模"、"实体编辑"、"视图"、"视觉样式"、"动态观察"等工具条。

（2）点击"视图"的"左视"按钮 ，在左视图的 *XOY* 平面内绘制如图 10-3 所示的平面图形。

（3）点击"绘图"工具条上的"面域"按钮 ，将图 10-3 所示的封闭的首尾相连的线条生成面域。

（4）点击"视图"工具条上的"西南等轴测"按钮 ，图形变成如图 10-4 所示。

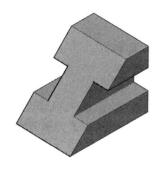
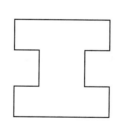
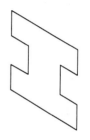

图 10-2　三维模型　　　　　图 10-3　平面图形　　　　图 10-4　面域轴测视图

（5）点击"建模"工具条上的"拉伸"按钮 ，将生成的面域垂直拉伸一定的距离，形成如图 10-5 所示的"立体 1"。

（6）点击"视图"工具条的"前视"按钮 ，绘制如图 10-6 所示的平面图形。

（7）点击"绘图"工具条上的"面域"按钮 ，将图 10-6 所示的封闭的首尾相连的线条生成面域。

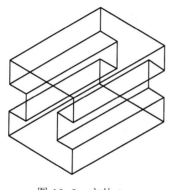
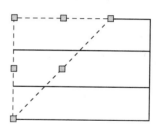

图 10-5　立体 1　　　　　　　　图 10-6　绘制主视平面图形

（8）点击"视图"工具条上的"西南等轴测"按钮◈，再点击"建模"工具条上的"拉伸"按钮🔲，将生成的面域拉伸一定的距离，生成如图10-7所示的"立体2"。

（9）点击"实体编辑"工具条上的"差集"按钮◎，图10-5拉伸的"立体1"减去图10-7拉伸生成的"立体2"，结果如图10-2所示，即三维模型建立完毕。

（10）点击"视图"工具条的"前视"按钮🔲，再点击"编辑"工具条上的"复制"按钮％，将图形按"长对正、高平齐、宽相等"复制成三个，按"三视图"的位置进行摆放，如图10-8所示。

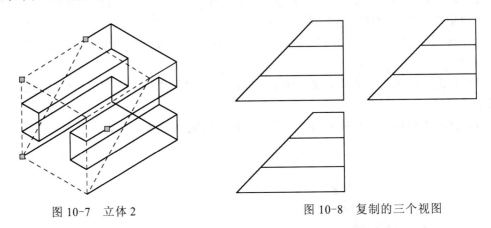

图10-7　立体2　　　　　　　　　　　图10-8　复制的三个视图

（13）点击"建模"工具条上的"三维旋转"按钮◉，将左视图绕 Y 轴旋转 $90°$ ，将俯视图绕 X 轴旋转 $90°$ ，如图10-9所示，点击"视觉样式"工具条上的"概念视觉样式"按钮●，模型显示如图10-10所示。

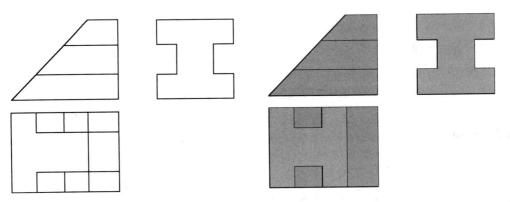

图10-9　旋转以后的三个视图　　　　图10-10　"概念视觉样式"下的三个模型视图

（14）点击绘图区左下角的"布局1"，进入布局窗口，这时候的布局窗口没有被激活，所以不能对布局里面的图形进行移动和编辑，如图10-11所示。

（15）双击布局的绘图区，这时候布局被激活，布局窗口以粗线框显示，如图 10-12 所示。

（16）点击菜单"绘图"→"建模"→"设置"→"轮廓"，选择这三个模型图形进行轮廓投影，命令行出现如下提示：

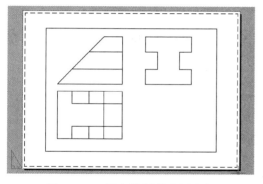

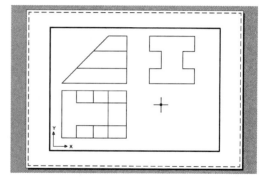

图 10-11　没有激活的布局空间　　　　　图 10-12　激活的布局空间

命令: _solprof

选择对象: 指定对角点: 找到 3 个

选择对象:

是否在单独的图层中显示隐藏的轮廓线? [是(Y)/否(N)] <是>:　　　　　（选择"是"）

是否将轮廓线投影到平面? [是(Y)/否(N)] <是>:　　　　　　　　　（选择"是"）

是否删除相切的边? [是(Y)/否(N)] <是>:　　　　　　　　　　　（选择"是"）

　_.VPLAYER 输入选项 [?/颜色(C)/线型(L)/线宽(LW)/冻结(F)/解冻(T)/重置(R)/新建冻结(N)/视口默认可见性(V)]: _N

输入在所有视口中都冻结的新图层的名称: PV-26A 输入选项

[?/颜色(C)/线型(L)/线宽(LW)/冻结(F)/解冻(T)/重置(R)/新建冻结(N)/视口默认可见性(V)]: _T

输入要解冻的图层名: PV-26A

指定视口 [全部(A)/选择(S)/当前(C)] <当前>: 输入选项

[?/颜色(C)/线型(L)/线宽(LW)/冻结(F)/解冻(T)/重置(R)/新建冻结(N)/视口默认可见性(V)]:

命令: _.VPLAYER 输入选项 [?/颜色(C)/线型(L)/线宽(LW)/冻结(F)/解冻(T)/重置(R)/新建冻结(N)/视口默认可见性(V)]:

_NEW

输入在所有视口中都冻结的新图层的名称: PH-26A 输入选项

[?/颜色(C)/线型(L)/线宽(LW)/冻结(F)/解冻(T)/重置(R)/新建冻结(N)/视口默认可见性(V)]: _T

输入要解冻的图层名: PH-26A

指定视口 [全部(A)/选择(S)/当前(C)] <当前>: 输入选项

[?/颜色(C)/线型(L)/线宽(LW)/冻结(F)/解冻(T)/重置(R)/新建冻结(N)/视口默认可见性(V)]:

命令:

已选定 3 个实体。

这里我们要选择三个"是",我们要将隐藏的图线放在单独的图层,因为这在视图表达中显示为虚线;我们要将轮廓线投影到视图,因为视图的表达就是将可见轮廓线投影为粗实线,将不可见轮廓线显示为虚线;我们要删除相切的边,因为我国机械制图国家标准中规定,这里相切的边不绘制(也有相切要绘制切线的,详细请参考机械制图国家标准）。

（17）点击绘图区左下角的"模型"，进入模型窗口，再点击"图层"工具条上的"图层特性管理器"按钮，弹出"图层特性管理器"对话框，如图 10-13 所示。

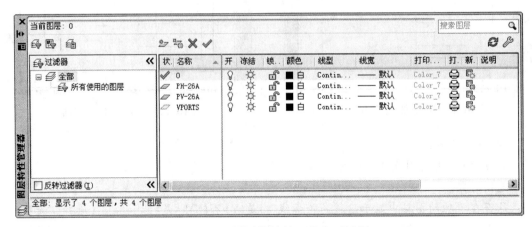

图 10-13 "图层特性管理器"对话框

我们发现"图层特性管理器"中多处三个图层：PH-26A、PV-26A、VPORTS。其中 PH-26A 是隐藏图线所在图层，我们要将其特性修改，把线型改为虚线；PV-26A 是可见轮廓线图层，我们将其线宽设置为 0.5 mm。因为轮廓图线有了，我们还有将 0 层上的模型设置为不可见，即将模型所在的图层 0 层设置为关闭。因为 0 层是当前图层，所以在关闭的时候会弹出"图层－关闭当前图层"对话框，如图 10-14 所示。

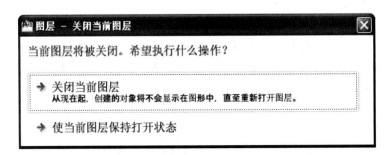

图 10-14 "图层－关闭当前图层"对话框

（18）图层修改好以后，关闭"图层特性管理器"，图形显示如图 10-15 所示。如果图线没有区分粗细线型，请确定"状态栏"上"显示/隐藏线宽"按钮是否打开。

（19）如果显示的虚线线型比例过大，我们可以修改线型比例。点击菜单"格式"→"线型"，弹出"线型管理器"对话框，点击"显示细节"，在"全局比例因子"中输入 0.3。

（20）关闭"线型管理器"按钮，最后模型的三视图如图 10-16 所示。注意得到的视图是"块"，如果要编辑里面的对象，利用"编辑"工具条上的"分解"命令，将块分解为简单对象。

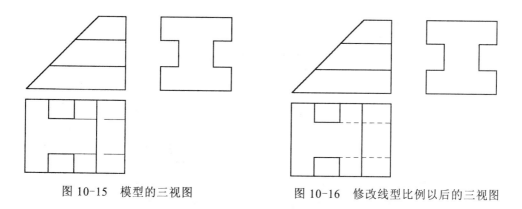

图 10-15 模型的三视图   图 10-16 修改线型比例以后的三视图

10.3 球阀阀体零件图的生成

前面一节介绍了三维模型到二维视图的生成，仅仅是视图的生成。而一个完整的零件图还需要尺寸、技术要求、图框和标题栏等。

【例 10-2】 将第 9 章中建立的球阀阀体三维模型生成一个完整的零件图。

10.3.1 视图

（1）打开"阀体"零件图，其三维模型如图 10-17 所示。

（2）点击"视图"工具条的"前视"按钮 ⬛，再点击"编辑"工具条上的"复制"按钮 ⬚，将图形按"高平齐"复制一个，如图 10-18 所示。

图 10-17 阀体三维模型

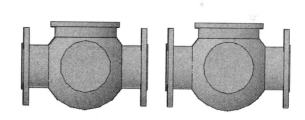

图 10-18 复制两个视图

（3）点击"建模"工具条上的"三维旋转"按钮 ◉，将左视图绕 Y 轴旋转 90°，如图 10-19 所示。

（4）点击"视图"工具条上的"西南等轴测"按钮 ◈，再点击"修改"→"三维操作"→"剖切"命令，选择主视图阀体为剖切对象，剖切平面选择和 XOY 平面平行，在前后对称面上的任意一个圆心处点击一下，选择保留两侧，将阀体分为前后两个部分，删除前面一部分，如图 10-20 所示。

（5）再点击"剖切"命令，选择左视图阀体为剖切对象，剖切平面选择和 XOY 平面平行，在前后对称面上的任意一个圆心处点击一下，选择保留两侧，将阀体分为前后两个部分；再点击"剖切"命令，选择阀体前面部分为剖切对象，剖切平面选择和 YOZ 平面平行，在左右对称面上的任意一个圆心处点击一下，选择保留两侧，将阀体前半部分分为左右两个部分；删除前半阀体的右半部分，把剩下的阀体左视图上的两个结构合并，利用"实体编辑"工具条上的"并集"按钮⦾，其结果如图 10-21 所示，左视是半剖的表达方式。

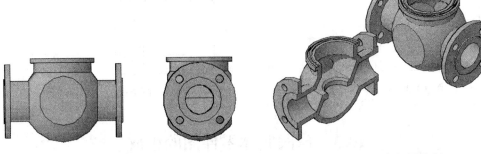

图 10-19 旋转左视模型   图 10-20 主视图全剖

（6）点击"视图"工具条上的"前视"按钮▭，两个模型的视图如图 10-22 所示。

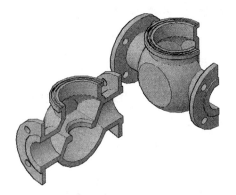

图 10-21 左视模型两次剖切

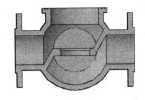

图 10-22 左视图半剖

（7）点击绘图区左下角的"布局 1"，进入布局窗口，双击布局激活绘图区，如图 10-23 所示。

（8）点击菜单"绘图"→"建模"→"设置"→"轮廓"，选择这两个模型图形进行轮廓投影，选择三个"是"得到轮廓投影。

（9）点击绘图区左下角的"模型"，进入模型窗口，再点击"图层"工具条上的"图层特性管理器"按钮🖳，在弹出"图层特性管理器"对话框中修改图层特性，将 PH 图层关闭💡；将 PV 线宽设置为 0.5 mm。将模型所在的图层 0 层设置为关闭💡。图层修改好以后，关闭"图层特性管理器"，图形显示如图 10-24 所示。

（10）点击"修改"工具条上的"分解"按钮🗇，将得到的视图分解为简单对象；整理视图，将半剖视图对称面上多出来的边界删除。

（11）新建虚线、中心线和尺寸线、文字以及图框等图层，增加左视图上连接法兰的两个圆（虚线表示），增加中心线，螺纹的大径线，绘制局部放大图线，如图 10-25 所示。

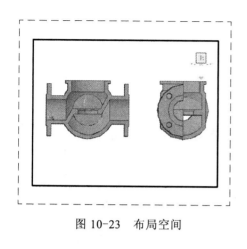

图 10-23　布局空间

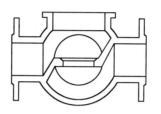

图 10-24　投影得到的视图

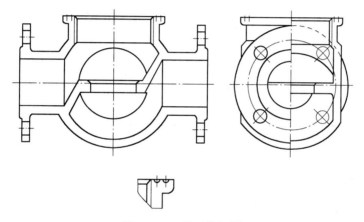

图 10-25　整理的视图

（12）利用"绘图"工具条上的"图案填充" ，给剖开的区域打上剖面线，如图 10-26 所示。

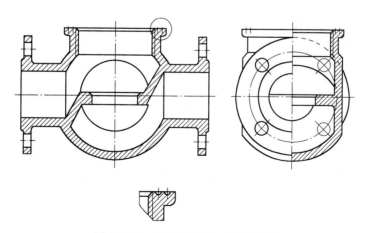

图 10-26　打上剖面线，完成视图

10.3.2　尺寸

10.3.2.1　设置文字样式和标注样式

（1）点击菜单"格式"→"文字样式"，在"文字样式"对话框中设置文字，如图10-27所示。我们可以利用标准样式新建和修改样式，一个文件中间可以有多个文字样式，不同标注的时候采用不同的样式。

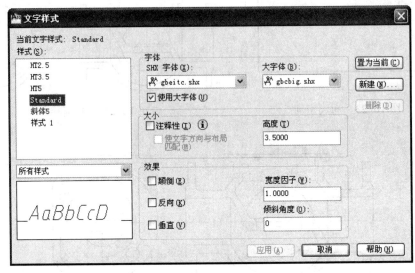

图 10-27　设置文字样式

（2）设置标注样式。点击菜单"格式"→"标注样式"，在"标注样式管理器"对话框中设置尺寸标注的各种形式，如图10-28所示。我们可以利用标准样式新建和修改样式，一个文件中间可以有多个标注样式，不同标注的时候采用不同的样式。

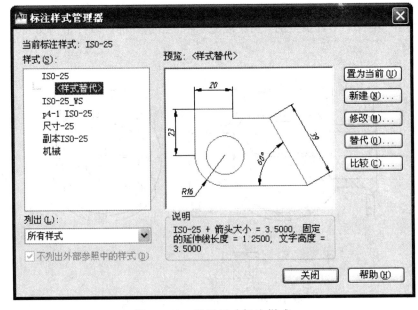

图 10-28　设置尺寸标注样式

10.3.2.2　尺寸标注

利用"标注"工具条上的"线性标注"、"对齐标注"、"半径"、"直径"、"角度"等命令，标注阀体零件的尺寸。值得注意的是：

（1）线性尺寸修改文本。

命令：_dimlinear

指定第一条延伸线原点或 <选择对象>：

指定第二条延伸线原点：

指定尺寸线位置或

[多行文字(M)/文字(T)/角度(A)/水平(H)/垂直(V)/旋转(R)]: t

输入标注文字 <83>: %%c83

指定尺寸线位置或

[多行文字(M)/文字(T)/角度(A)/水平(H)/垂直(V)/旋转(R)]:

标注文字 = 83

标注的尺寸如图 10-29 所示。

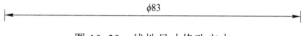

图 10-29　线性尺寸修改文本

（2）小尺寸箭头改小圆点。如图 10-30 所示的尺寸标注，我们可以直接采用线性标注，将标注好的尺寸箭头通过"特性"对话框修改，如图 10-31 所示。

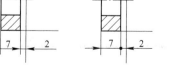

图 10-30　小尺寸

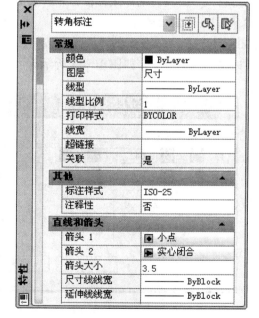

图 10-31　"特性"对话框修改箭头

尺寸标注就不一一详述，标注完尺寸的图样如图 10-32 所示。

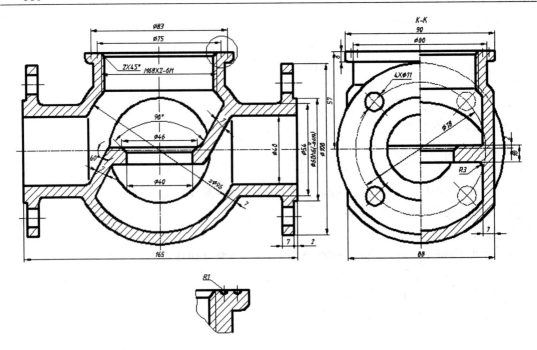

图 10-32　标注了尺寸的图样

10.3.3　技术要求

技术要求包括尺寸公差、形位公差、表面粗糙度以及文字说明。尺寸公差在尺寸标注里已经完成，下面我们就标注形位公差、表面粗糙度以及文字说明。

10.3.3.1　形位公差

点击"标注"工具条上的"公差"按钮，弹出"形位公差"对话框，我们可以直接设置要标注的形位公差，如图 10-33 所示。

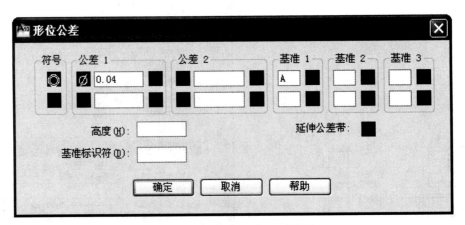

图 10-33　"形位公差"对话框

10.3.3.2　表面粗糙度

在块的章节，我们详细讲述了粗糙度块的创建和使用，这里不细述。

10.3.3.3 文字说明

采用"绘图"工具条上的"多行文字"或者"单行文字"都可以输入技术要求。单行文字每一行是一个对象，而多行文字整体是一个对象。由于技术要求一般多于一行，方便移动和编辑，建议采用多行文字输入技术要求文字说明。

10.3.4 图框和标题栏

根据国家标准，我们选择合适的图框和标题栏。图框和标题栏可以自己绘制，也可以采用样板文件中的，这里不详细说明了。

完成的阀体零件图如图 10-34 所示。

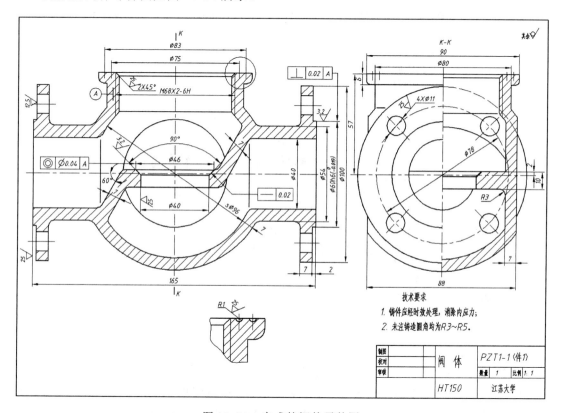

图 10-34 完成的阀体零件图

10.4 图纸输出与打印

10.4.1 添加和配置输出设备

图纸绘制完成后需要进行的最后一步操作就是图纸输出了。图纸的输出是靠绘图仪或打印机等输出设备完成的。在将图纸输出到选定的输出设备之前，需要正确配置该输出设备。输出设备主要包括显示器、绘图仪、打印机等。

文件的输出方式可以是打印、发布，也可以是输出。点击菜单"文件/输出（E）"，弹出"输出数据"对话框，可以将图形文件保存为图源文件（*.wmf）、ACIS（*.sat）、平板印刷（*.stl）、封装 PS（*.eps）、位图（*.bmp）、块（*.dwg）等格式。

在正确配置了输出设备后 AutoCAD 可以在模型空间、图纸空间、布局空间打印图形。要正确配置图纸的输出设备必须明确以下几个问题：

（1）是工作站、网络、还是 Windows 管理图纸输出设备？

（2）输出设备的生产商是谁？

（3）输出设备的具体型号是什么？

（4）以前创建的配置文件是否可以继续使用？

下面介绍在 Windows 系统下设置打印机的添加和配置。

（1）选择菜单"工具"→"向导"→"添加绘图仪"，如图 10-35 所示，或者是单击"文件"→"绘图仪管理器"，或者是在命令行输入"Plottermanager 命令"，出现"添加绘图仪—简介"对话框。

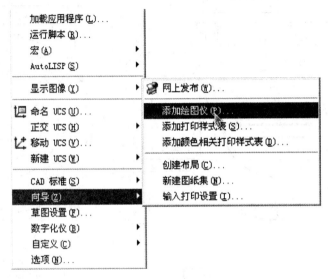

图 10-35　添加绘图仪

（2）点击"下一步"，出现"添加绘图仪—开始"对话框。

（3）出现"我的电脑"、"网络绘图仪服务器"、"系统打印机"三个选项，其中 Autodesk Heidi 设备接口（HDI）打印驱动是用于 AutoCAD 和其他 Autodesk 产品的外围设备第三种驱动。"网络绘图仪服务器"是配置网络中的打印机。"系统打印机"是配置 Windows 系统下已经配置好的打印机。这里选择"我的电脑"选项。

（4）选择"我的电脑"选项，然后点击"下一步"，进入"添加绘图仪—绘图仪型号"对话框。

（5）选择正确的生产商和型号，选择正确的打印机配置文件。"添加打印机"向导创建配置文件并储存在 AutoCAD 2010/Plotters 文件夹下。

（6）点击"下一步"，进入"添加绘图仪—端口"对话框，选择"打印到端口"，选择"LPT1"端口，然后点击"下一步"。

（7）在"添加绘图仪—绘图仪名称"界面中输入绘图仪的名称，在绘图仪名称中输入打印机型号，点击"下一步"。

（8）在"添加绘图仪—完成"对话框中点击"下一步"，完成绘图仪的添加。

10.4.2 输出样式设置

为了更好地与其他软件进行数据交互，在 AutoCAD 中还可以选择不同的输出格式。点击菜单"文件"→"输出"，可以以不同的数据格式输出图纸，如图 10-36 所示。

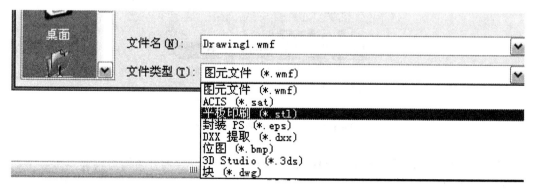

图 10-36 文件输出的类型

选择"文件"→"打印样式管理器"可以进行打印样式表的管理，如图 10-37 所示。选择所需要的打印样式表，其中包括颜色相关打印样式表和命名打印样式表。在该界面下可以点击"添加打印样式表"添加新的打印样式表。

图 10-37 "打印样式管理器"

当配置完绘图仪、打印机等输出设备就可以输出图纸了。

（1）点击菜单"文件"→"绘图仪管理器"，如图 10-38 所示。

"页面设置管理器"是对打印前的一系列设置进行管理的菜单。AutoCAD 中的图纸可以在"模型"选项卡或"布局"选项卡中打印。布局选项提供了更强的功能，推荐所有图形在此环境中打印。

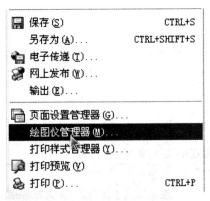

图 10-38　打开"绘图仪管理器"

（2）在图纸打印以前要先设置打印的一系列设置，这些设置分为模型设置和布局设置。这里介绍模型设置。

确定文件打开后的"模型"选项卡被选中，在模型状态下打印以前必须首先对"页面设置—模型"进行设置。

（3）选择"文件"→"页面设置管理器"，得到如图 10-39 所示的对话框，在这个对话框中根据向导进行模型打印的页面设置。

图 10-39　"页面设置管理器"对话框

1）选中已有的设置，点击右键可以把该设置定为当前设置、可以对该设置重新命名或者删除该设置。

2）点击"新建"进入到"新建页面设置"对话框，输入新页面设置名称为"设置（机械）"，如图 10-40 所示。根据前面的打印机设置，在"打印机/绘图仪"名称里选择添加过的打印机型号，在"图纸尺寸"里选择"A4"。

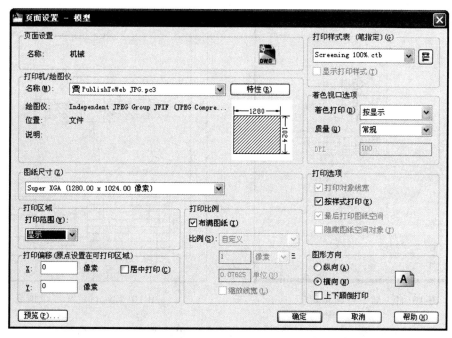

图 10-40 在"页面设置"对话框进行"机械"新页面设置

3）在"打印范围"里有四个选项：窗口、范围、图像界面、显示。这里选择"显示"。

4）在"打印样式表"中选择"Screening 100%.ctb"。在"图形方向"里选择"纵向"。"打印比例"中选择"布满图纸"。"打印偏移"中选择"居中打印"。点击"预览"进行预览如图 10-41 所示。可以看到此时图形只是局限在图纸中央，需要进一步设置，关闭预览，去掉"打印比例"中的"布满图纸"和"打印偏移"里"居中打印"的选择，在偏移量中填写："X：−270；Y：−30"。选择"自定义"比例，设置自定义比例为 1∶1.1。此时再进行预览，如图 10-42 所示的效果比较理想。

（4）在"绘图仪管理器"文件夹配置文件列表中，双击 DWF 配置文件，可以编辑已经存在的 DWF 打印机配置文件。在"打印样式表编辑器"中，通过向命名打印样式表添加新的打印样式，可以添加打印样式。在"打印样式表编辑器"中如果删除某种打印样式时，被指定了这种打印样式的对象将保留打印样式指定，以"普通"样式打印。打印样式有两种类型："颜色相关"和"命名"，我们可以在两种打印样式表之间转换，一个图形只能使用一种类型的打印样式表。Pagesetup 命令可以创建新的页面设置，修改现有的页面设置，为当前布局或图纸指定已存在的页面设置。

（5）确定页面设置后便可以进行打印了。点击"文件"→"打印"，如图 10-43 所示。在页面设置中选择刚才的页面设置"设置（机械）"，然后确定就可以打印了。

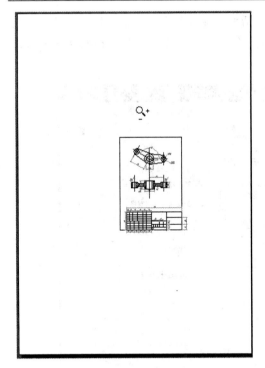

图 10-41   居中打印预览

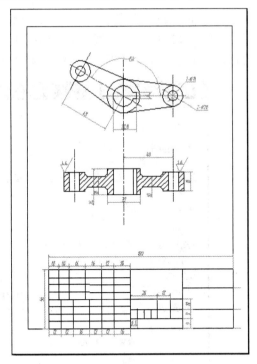

图 10-42   自定义打印预览

图 10-43   在模型空间打印

参 考 文 献

[1] 周莹，卢章平．Autodesk AutoCAD 2006/2007 初级工程师认证培训教程[M]．北京：化学工业出版社，2006.

[2] 黄娟，卢章平．Autodesk AutoCAD 2006/2007 初级工程师认证考前辅导[M]．北京：化学工业出版社，2006.

[3] 侯永涛，卢章平．Autodesk AutoCAD 2006/2007 工程师认证培训教程[M]．北京：化学工业出版社，2006.

[4] 袁浩，卢章平．Autodesk AutoCAD 2006/2007 工程师认证考前辅导[M]．北京：化学工业出版社，2006.

冶金工业出版社部分图书推荐

书　名	作　者			定价（元）
Pro/Engineer 野火版 5.0 基础教程	黄　娟	孔繁臣		待定
Solidworks2010 基础教程	黄　娟			待定
UG NX 7.0 基础教程	孔繁臣	黄　娟		待定
CATIA V5R17 工业设计高级实例教程	王　霄	刘会霞	陈　成	39.00
CATIA V5R17 高级设计实例教程	王　霄	刘会霞	等	35.00
CATIA V5R17 典型机械零件设计手册	王　霄	刘会霞	等	39.00
CAXA 电子图板教程（第 2 版）	马希青			36.00
VRML 虚拟现实技术基础与实践教程	张武军	田　海	尹旭日	35.00
Visual C++环境下 MapX 的开发技术	尹旭日	张武军		39.00
Pro/E Wildfire 中文版模具设计教程	张武军			39.00
Solid Works 2006 零件与装配设计教程	岳荣刚			29.00
Mastercam 3D 设计及模具加工高级教程	孙建甫			69.00
工业设计概论	刘　涛			26.00
工业产品造型设计	刘　涛			25.00
计算机辅助建筑设计——建筑效果图设计	刘声远			25.00
画法几何及机械制图习题集（机械类专业适用）	许纪倩			18.00
机械制图	田绿竹			30.00
机械制图习题集	王　新	卢广顺		28.00
画法几何及机械制图习题集	刘红梅			28.20
画法几何及机械制图	田绿竹			29.80
Basic C++ AUTOCAD 实用计算机绘图	孙豁然			40.00
计算机病毒防治与信息安全知识 300 问	张　洁			25.00
Visual C++实用教程	张荣梅			30.00
工业工程与系统仿真	程　光	邬洪迈	陈永刚	45.00
复杂系统的模糊变结构控制及其应用	米　阳	韩云昊		20.00
可编程序控制器原理及应用系统设计技术	宋德玉			26.00
机电一体化技术基础与产品设计	刘　杰	赵春雨	等	38.00
机械可靠性设计与应用	杨瑞刚			20.00